大众力学丛书
（已出书目）

《奥运中的科技之光》 赵致真 著 ISBN:978-7-04-024621-6

　　本书全景式讲述了奥运中的科学知识。通过经典赛事和有趣故事，深入浅出分析了各项体育运动中生动丰富的力学现象，广泛涉及生物学、化学、数学、电子技术、材料科学等诸多领域，并介绍了当代体育科学前沿的最新成果。旨在"通过科学欣赏体育，通过体育理解科学"，也有助于大中学生开阔眼界，巩固和深化课堂知识。

《拉家常·说力学》武际可 著 ISBN:978-7-04-024460-1

　　本书收集了作者近十多年来发表的32篇科普文章。这些文章，都是从常见的诸如捞面条、倒啤酒、洗衣机、肥皂泡、量血压、点火等家常现象入手，结合历史典故阐述隐藏在其中的科学原理。这些文章图文并茂、文理兼长、读来趣味盎然，其中有些曾获有关方面的奖励。本书可供具有高中以上文化读者阅读，也可以供大中学教师参考。

《诗情画意谈力学》王振东 著 ISBN:978-7-04-024464-9

　　本书是一本科学与艺术交融的力学科普读物，内容大致可分为"力学诗话"和"力学趣谈"两部分。"力学诗话"的文章，力图从唐宋诗词中对力学现象观察和描述的佳句入手，将诗情画意与近代力学的发展交融在一起阐述。"力学趣谈"的文章，结合问题研究的历史，就日常生活、生产中的力学现象，风趣地揭示出深刻的力学道理。这本科普小册子，能使读者感受力学魅力、体验诗情人生，有益于读者交融文理、开阔思路和激发创造性。

《趣味刚体动力学》刘延柱 著 ISBN:978-7-04-024753-4

　　本书通过对日常生活中和工程技术中形形色色力学现象的解释学习刚体动力学。全书包括32个专题，归纳为玩具篇、体育篇和技术篇等三章。每个专题的叙述均以物理概念为主，着重文章的通俗性和趣味性。需要借助数学公式深入分析的内容在各个专题的文末以注释的形式给出。附录里给出必要的刚体动力学基本知识。本书除作为科普读物外，也可作为理工科大学理论力学课程的课外参考书，使读者在获得更多刚体动力学知识的同时，能对身边的力学问题深入思考并提高对力学课程的学习兴趣。

《创建飞机生命密码（力学在航空中的奇妙地位）》乐卫松 著
ISBN:978-7-04-024754-1

　　本文从国家决定研制具有中国自主知识产权的大客机谈起，通过设计的一组人物，用情景对话、访谈专家学者的方式，描述年轻人不断探索，深入了解在整个飞机研发过程中，力学在航空业中特别奇妙的地位。如同人的遗传密码DNA，呈长长的双螺旋状，每一小段反映人的一种性状，飞机的生命密码融入飞机研发到投入市场的长历程，力学乃是组建这长长的飞机生命密码中关键的、不可或缺的学科。这是一篇写给大学生和高中生阅读的通俗的小册子，当然也可供对航空有兴趣的各界人士浏览阅读。

《力学史杂谈》武际可 著　ISBN:978-7-04-028074-6

　　本书收集了作者近20年中陆续发表或尚未发表的30多篇文章，这些文章概括了作者认为对力学发展乃至对整个科学发展比较重要而又普遍关心的课题，介绍了阿基米德、伽利略、牛顿、拉格朗日等科学家的生平与贡献，也介绍了我国著名的力学家，还对力学史上比较重要的理论和事件，如能量守恒定律、梁和板的理论、永动机等的前前后后进行了介绍。本书对科学史有兴趣的读者，对学习力学的学生和教师，都是一本难得的参考书。

《漫话动力学》贾书惠 著　ISBN:978-7-04-028494-2

　　本书从常见的日常现象出发，揭示动力学的力学原理、阐明力学规律，并着重介绍这些原理及规律在工程实践，特别是现代科技中的应用，从而展示动力学在认识客观世界及改造客观世界中的巨大威力。全书分为十个专题，涉及导航定位、火箭卫星、载人航天、陀螺仪器、体育竞技、大气气象等多个科技领域。全书配有大量插图，内容丰富而广泛；书中所引的故事轶闻，读起来生动有趣。本书对学习力学课程的大学生是一本很好的教学参考书，书中动力学在现代科技中应用的实例可以丰富教学内容，因而对力学教师也大有裨益。

《涌潮随笔——一种神奇的力学现象》林炳尧 著
ISBN:978-7-04-029198-8

　　涌潮是一种很神奇的自然现象。本书力图用各个专业学生都能够明白的语言和方式，介绍当前涌潮研究的各个方面，尤其是水动力学方面的主要成果。希望读者在回顾探索过程的艰辛，欣赏有关涌潮的诗词歌赋，增加知识的同时，激发起对涌潮、对自然的热爱和探索的愿望。

《科学游戏的智慧与启示》 高云峰 著 ISBN:978-7-04-031050-4

本书以游戏的原理和概念为线索，介绍处理问题的方法和思路。作者用生动有趣的生活现象或专门设计的图片来说明道理，读者可以从中领悟如何快速分析问题，如何把复杂问题简单化。本书可以作为中小学生的课外科普读物和试验指南，也可以作为中小学科学课教师的补充教材和案例，还可以作为大学生力学竞赛和动手实践环节的参考书。

《力学与沙尘暴》 郑晓静 王 萍 编著 ISBN:978-7-04-032707-6

本书从一个力学工作者的角度来看沙尘暴、沙丘和沙波纹这些自然现象以及与此相关的风沙灾害和荒漠化及其防治等现实问题。由此希望告诉读者对这些自然现象的理解和规律的揭示，对这些灾害发生机理的认识和防治措施的设计，不仅仅是大气学界、地学界等学科研究的重要内容之一，而且从本质上看，还是一个典型的力学问题，甚至还与数学、物理等其他基础学科有关。

《方方面面话爆炸》 宁建国 编著 ISBN:978-7-04-032275-0

本书用通俗易懂的文字描述复杂的爆炸现象和理论，尽量避免艰深的公式，并配有插图以便于理解；内容广博约略，几乎涵盖了整个爆炸科学领域；本书文字流畅，读者能循序渐进地了解爆炸的各个知识点。本书可供高中以上文化程度的广大读者阅读，对学习兵器科学相关专业的大学生也是一本很好的入门读物，同时书中的知识也能帮助爆炸科技工作者进一步深化对爆炸现象的理解。

《趣味振动力学》 刘延柱 著 ISBN:978-7-04-034345-8

本书以通俗有趣的方式讲述振动力学，包括线性振动的传统内容，从单自由度振动到多自由度和连续体振动，也涉及非线性振动，如干摩擦阻尼、自激振动、参数振动和混沌振动等内容。在叙述方式上力图避免或减少数学公式，着重从物理概念上解释各种振动现象。本书除作为科普读物供读者阅读以外，也可作为理工科大学振动力学课程的课外参考书。

《音乐中的科学》武际可 著 ISBN: 978-7-04-035654-0

本书收录了作者近十多年来的二十几篇科普文章。这些文章的主题都是与声学和音乐的科学原理相关的，涉及声音的产生和传播、声强的度量、建筑声学、笛子制作、各种乐器（弦乐器、管乐器、键盘乐器，以及锣和鼓等）的构造和发声原理等。特别是结合其中的科学道理及发现这些原理的历史，介绍了许多著名科学家的工作。同时，书中还介绍了一些迄今尚未解决的科学问题。作者将科学与艺术紧密结合地叙述，史料丰富，图文并茂，文字深入浅出，叙述生动。本书对中学、大学，包括艺术类专业的师生都是一本很好的课外读物；对于广大音乐爱好者和对自然科学感兴趣的读者，以及这些方面的专业人员也是一本难得的参考书。

《谈风说雨——大气垂直运动的力学》刘式达 李滇林 著
ISBN: 978-7-04-037081-2

本书以风、雨为主线，讲解了20个日常生活中人们普遍关心的大气科学中的力学问题，内容包括天上的云、气旋和反气旋、风的形成、冷暖气团相遇的锋面、龙卷风和台风等。这些大气现象均和力学中所涉及的气压梯度力、离心力、科氏力、摩擦力等有关，并用力的平衡和角动量守恒定律等作了科学解释。本书特别对大气中的风和雨的运动形式以恢复力、阻尼力为参数进行了几何分类，复杂的全球大气环流形式便有了通用、简洁的拓扑特征。这样，大气中的力学问题就可用几何、拓扑的方法展示，更加直观和深入。

由于近十多年来人们更关注气候变化问题，因此书中也介绍了有关温室气体、全球气候变化、极值天气等问题的基本知识和观点，使读者能关注力学在大气中的最新进展。

本书图文并茂，通俗易懂，可供对力学和大气科学感兴趣的学生和教师参考。

■ 大众力学丛书

Tanfeng Shuoyu

谈风说雨

—— 大气垂直运动的力学

刘式达　李滇林　著

高等教育出版社·北京
HIGHER EDUCATION PRESS BEIJING

内容提要

　　本书以风、雨为主线，讲解了 20 个日常生活中人们普遍关心的大气科学中的力学问题，内容包括天上的云、气旋和反气旋、风的形成、冷暖气团相遇的锋面、龙卷风和台风等。这些大气现象均和力学中所涉及的气压梯度力、离心力、科氏力、摩擦力等有关，并用力的平衡和角动量守恒定律等作了科学解释。本书特别对大气中的风和雨的运动形式以恢复力、阻尼力为参数进行了几何分类，复杂的全球大气环流形式便有了通用、简洁的拓扑特征。这样，大气中的力学问题就可用几何、拓扑的方法展示，更加直观和深入。

　　由于近十多年来人们更关注气候变化问题，因此书中也介绍了有关温室气体、全球气候变化、极值天气等问题的基本知识和观点，使读者能关注力学在大气中的最新进展。

　　本书图文并茂，通俗易懂，可供对力学和大气科学感兴趣的学生和教师参考。

中国力学学会《大众力学丛书》
总　序

　　科学除了推动社会生产发展外，最重要的社会功能就是破除迷信、战胜愚昧、拓宽人类的视野。随着我国国民经济日新月异的发展，广大人民群众渴望掌握科学知识的热情不断高涨，所以，普及科学知识，传播科学思想，倡导科学方法，弘扬科学精神，提高国民科学素质一直是科学工作者和教育工作者长期的任务。

　　科学不是少数人的事业，科学必须是广大人民参与的事业。而唤起广大人民的科学意识的主要手段，除了普及义务教育之外就是加强科学普及。力学是自然科学中最重要的一门基础学科，也是与工程建设联系最密切的一门学科。力学知识的普及在各种科学知识的普及中起着最为基础的作用。人们只有在对力学有一定程度的理解后，才能够深入理解其他门类的科学知识。我国近代力学事业的奠基人周培源、钱学森、钱伟长、郭永怀先生和其他前辈力学家非常重视力学科普工作，并且身体力行，有过不少著述，但是，近年来，与其他兄弟学科（如数学、物理学等）相比，无论从力量投入还是从科普著述的产出来看，力学科普工作显得相对落后，国内广大群众对力学的内涵及在国民经济发展中的重大作用缺乏有深度的了解。有鉴于此，中国力学学会决心采取各种措施，大力推进力学科普工作。除了继续办好现有的力学科普夏令营、周培源力学竞赛等活动以外，还将举办力学科普工作大会，并推出力学科普丛书。2007年，中国力学学会常务理事会决定组成《大众力学丛书》编辑委员会，计划集中出版一批有关力学的科普著作，把它们集结为

《大众力学丛书》，希望在我国科普事业的大军中团结国内力学界人士做出更有效的贡献。

这套丛书的作者是一批颇有学术造诣的资深力学家和相关领域的专家学者。丛书的内容将涵盖力学学科中的所有二级学科：动力学与控制、固体力学、流体力学、工程力学以及交叉性边缘学科。所涉及的力学应用范围将包括：航空、航天、航运、海洋工程、水利工程、石油工程、机械工程、土木工程、化学工程、交通运输工程、生物医药工程、体育工程等等。大到宇宙、星系，小到细胞、粒子，远至古代文物，近至家长里短，深奥到卫星原理和星系演化，优雅到诗画欣赏，只要其中涉及力学，就会有相应的话题。这套丛书将以图文并茂的版面形式、生动鲜明的叙述方式，深入浅出、引人入胜地把艰深的力学原理和内在规律介绍给广大读者。这套丛书的主要读者对象是大学生、中学生以及有中学以上文化程度的各个领域的人士。我们相信本套丛书对广大教师和研究人员也会有参考价值。我们欢迎力学界和其他各界的教师、研究人员以及对科普有兴趣的作者踊跃撰稿或提出选题建议，也欢迎对国外优秀科普著作的翻译。

丛书编委会对高等教育出版社的大力支持表示深切的感谢。出版社领导从一开始就非常关注这套丛书的选题、组稿、编辑和出版，派出了精兵强将从事相关工作，从而保证了这套丛书以优质的内容和崭新的形式亮相于国内科普丛书之林。

中国力学学会《大众力学丛书》编辑委员会
2008年4月

前言
Preface

　　《大众力学丛书》编辑委员会主任武际可教授和副主任戴世强教授希望我们写有关大气中的力学问题的书，做好科学普及工作。的确，大气中的力学不像实验室中的力学，大气运动是在地球上这样一个野外环境进行的，它有许多特色和复杂性。例如，大气的气压、密度、温度、湿度都是随高度变化的，称为分层。同一水平面或同一高度上有高压和低压之分。再例如，科氏力的作用在实验室中看不见，而在大气中几乎到处可见，还有许多涡旋，如气旋、反气旋、副热带高压，更有极为凶猛的龙卷风、台风等涡旋。大气的运动时刻在变化，并造成每天的天气都不一样，气候也在变化。大气运动还会碰到普通力学中比较少见的物理概念，如负阻尼、负恢复力、大气斜压性、混沌、分形等。任务虽然艰巨，但丛书的宗旨是科学普及，所以我们将全力写好它。

　　从什么问题切入谈大气中的力学呢？想来想去，还是从大气中的降水(降雨、降雪等)和风入手，降水本来就是大气运动的特色，同时又和人们的日常生活息息相关。要降水，必须有垂直运动，于是本书就取名为《谈风说雨——大气垂直运动的力学》，力求把问题说清楚，真正达到科学普及的目的。

力学的基础是牛顿第二定律，因此要涉及作用于物体上的力，包括恢复力、摩擦力、科氏力、离心力、气压梯度力等，以及由牛顿第二定律导出的一些定律，如角动量守恒定律等。牛顿定律同样适用于大气，但是作用在大气质点的力由于地球旋转、大气分层和大气运动的不同时间尺度，它们在大气中各自扮演独特的角色。因此，本书前 17 章都是从力的角度谈大气中的风和雨，特别是大气的垂直运动，每一章基本上都涉及一个日常生活中人们所关心的科学问题。如：第 1 章的标题是"云为什么会飞上天？"，主要讨论恢复力，特别是负恢复力的浮力；第 2 章的标题是"为什么会刮风？"，讨论的是气压梯度力；第 3 章讨论风为什么会拐弯，介绍的是科氏力；第 4 章讨论摩擦力，可以说没有摩擦力，大气就不会下雨；其他各章涉及气旋、反气旋、风暴、龙卷风、台风、锋面等有关问题。最后 3 章将大气运动延伸到当今全球都十分关心的气候问题，如为什么要关注"温室气体"？气候问题十分复杂，本书将提出一些常被人们误导的问题，如"现在全球气候变暖"的提法对不对，"极值天气是气候变暖造成的吗"，等等。

为了使读者对大气运动有较为深刻的了解，第 4 章将大气运动以阻尼力和恢复力为参数进行了几何分类；第 16 章对全球大气运动作了拓扑特征的论述，将力学与几何、拓扑相联系，更为直观、深刻。

武际可教授对本书作了认真的修改，再次表示感谢！

作者

2012 年 10 月于北京大学

目 录
Contents

大众
力学
丛书

云为什么会飞上天？

云总是在天上，为什么云总在天上而不在地面呢？云主要是由水滴和冰晶组成的，它们是由大气中的水汽凝结或冻结而形成的。从热力学中可以知道，在两相（水汽和水或水汽和冰）平衡的条件下，在一定体积中能容纳的水汽量有一个最大值，此时的水汽压称为饱和水汽压。饱和水汽压是随着温度的下降而减小的，见图1.1。也就是说，温度越低，饱和水汽压越小，在一定的体积中达到饱和所需要的水汽量越少。因而，低温下水汽很容易饱和而凝结成水或冻结成冰。例如，在离地面 2 000 m 的大气上空，空气温度比地面附近的空气温度低 10 ℃，那里的饱和水汽压是地面饱和水汽压的二分之一到三分之一。我们知道，大气的温度是随高度升高而降低的，高空的水汽量虽然少，但达到饱和需要的水汽量并不大，所以大气上空很易饱和而形成云。地面附近空气中的水汽相对较多，达到饱和需要的水汽量大，因而不易饱和，所以云才会出现在天上。要降水，最基本的条件是要有云，云既然只能在天上出现，那么降水就只能从天上往地面降了。

大气中的降水通常有 4 种形式，这就是雨（rain）、雪（snow）、冻雨（sleet）、雨凇（glaze）。图1.2 显示了降水的 4 种形

大众
力学
丛书

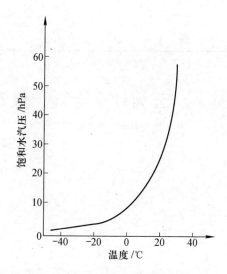

图 1.1　饱和水汽压随温度的变化曲线

式以及相应的地面和空中云的空气温度。

从图 1.2 可以看出，在降水的云底部，由于高空大气层温度低，落下的通常最初是雪，若在下落过程中大气温度升高，地面空气温度大于 0 ℃，雪融化就成了雨；若下落的过程中大气的温度一直比 0 ℃低，雪不融化降下的就是雪；若雪在落下过程中先融化再冻结，这就成了冻雨；若融化的雨快到地面时落到温度很低的如树木等物体上，就成了雨凇。

地面附近空气中的水汽多，它们怎样由空气团带到温度较低的上空而冷却形成云呢？这就需要产生垂直的上升运动。通常有 4 种方法可产生上升运动：对流、锋面暖气团被抬升或爬升、辐合运动、地形抬升。

所谓对流，就是在晴朗的天气中，太阳将某个地区的地面加热，地面的空气温度比周围地区高，暖空气的重量比同体积的冷空气重量轻，因此温度较高的空气团就沿绝热过程上升而降温，空气中所含水汽饱和而凝结，常形成积云，如果空气团上升到足

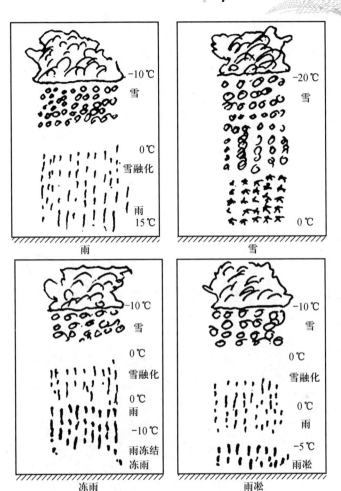

-10℃
雪

0℃
雪融化

雨
15℃

-20℃
雪

0℃

-10℃
雪

0℃
雪融化

0℃
雨

-10℃
雨冻结
冻雨

-10℃
雪

0℃
雪融化

0℃
雨

-5℃
雨凇

雨　　　　　　　　　雪

冻雨　　　　　　　　雨凇

图 1.2　降水的 4 种形式

够高，则形成积雨云，见图 1.3(a)。

　　第二种方法就是在冷、暖空气团碰撞的地方 (即锋面) 的两边，冷、暖空气带有不同温度的水汽。暖空气团沿着倾斜的锋面向上滑。如果遇到的是冷锋面，冷空气团楔入到暖空气团下方，暖空气上升就非常剧烈，常形成下雨的积雨云。如果遇到的是暖锋，暖空气团沿锋面上升缓慢，而形成系统的云系，人们首先看到的是卷云，依次是卷层云、高层云，最后是降雨的雨层云，见图 1.3(b)。

第三种方法是在低压天气系统中地面空气团的辐合，它诱导空气团上升而形成降水的云，见图 1.3(c)。

最后一种方法是空气团经过丘陵和山脉时，空气团被地形强迫抬升而冷却，常形成层状云，见图 1.3(d)。

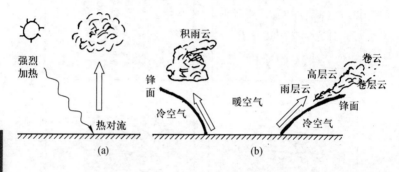

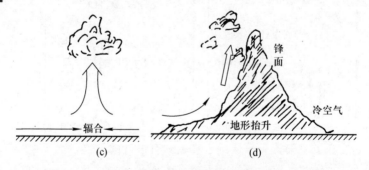

图 1.3　产生上升运动的 4 种方法

在对流层内，环境温度通常是随高度升高而递减的。除了紧靠地面的近地面层(约为几十米厚)，有时晚上温度还会随高度升高而增加，这称为逆温。在对流层内环境温度递减率 $\Gamma = 0.5\ \text{℃}/100\ \text{m}$。这里 $\Gamma = -\dfrac{\partial t}{\partial z}$ 为正值。即离地面 100 m 高度处的温度比地面温度低 0.5 ℃，离地面 1 000 m 高度处的温度比地面温度低 5 ℃。例如，地面空气温度是 25 ℃，那么离地面 1 000 m 的高度处温度就为 20 ℃。

但是不要将环境温度递减率和绝热过程温度递减率相混淆。从热力学上可以知道，空气团的上升运动或下沉运动是按绝热过程进行的。上升过程中，高空气压低，空气团膨胀，要对外作功，其温度就要下降。反之，空气团下降过程中环境气压增加，空气团被压缩，温度就要上升。若空气团是比较干的(指未饱和的空气团)，那么它就沿着干绝热过程上升运动或下沉运动，这种干绝热过程温度递减率 $\Gamma_d = 1$ ℃/100 m $= -\dfrac{\mathrm{d}t}{\mathrm{d}z}$，即空气团每上升 100 m，空气团温度(注意不是环境温度)就下降 1 ℃。干绝热过程，在物理学上称为等熵过程，在气象学上称为等位温过程。如果空气团是湿的(指已饱和的空气团)，此时空气团就沿着湿绝热过程上升运动。由于湿空气团降温，水汽凝结释放潜热，湿空气团上升时温度比干绝热过程下降得慢。也就是说，湿绝热过程温度递减率 Γ_m 小于干绝热过程温度递减率。湿绝热过程温度递减率 Γ_m 大约是 0.6 ℃/100 m，即湿绝热过程中，空气团每上升 100 m，空气团的温度只下降 0.6 ℃，而不是干绝热过程的 1 ℃。例如，水汽凝结高度为 2 000 m，其温度为 20 ℃，那么饱和的湿空气团上升到 3 000 m 时，空气团的温度就是 14 ℃。

由于大气受太阳及云层等因素的影响，环境温度递减率 Γ 通常是变化的，它对空气团的垂直运动有很大的影响。而干绝热或湿绝热过程的温度递减率是不变的。对于环境温度，下面分 3 种情况来讨论。

第一种情况是环境温度递减率 Γ 小于绝热过程的温度递减率 Γ_d 和 Γ_m，即 $\Gamma < \Gamma_m < \Gamma_d$，见图 1.4。尤其在晚上，靠近地面的空气还会出现温度随高度升高而升高的情况(称为逆温)，此时 Γ 就为负值，更属于这种情况。图 1.4 中环境温度的分布称为

大众
力学
丛书

绝对稳定的温度层结。

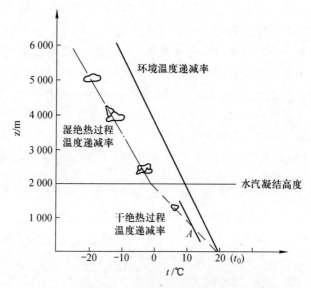

图 1.4　环境温度递减率小于绝热过程的温度递减率
（实线为环境温度递减率，虚线和点画线
分别代表干绝热和湿绝热过程的温度递减率）

　　若空气团的温度在地面时和环境温度相同，此时所处的位置（高度）称为平衡位置。受到扰动后，空气先沿干绝热过程（图 1.4 中虚线）上升，上升到高空后空气团的温度比环境温度低，因而其密度就比环境空气密度大，就下沉回到原来的位置。若原来温度和环境温度相同的平衡位置不是在地面，而是在空中的某个位置，如图 1.4 中的位置 A，此时空气团回到平衡位置后继续下沉，下沉后其温度又比环境温度高，又上升回到平衡位置，这样在平衡位置来回振荡。

　　这种情况就好像在力学中常讲到的一个单摆小球离开平衡位置一个小的角度 θ，或者一弹簧被拉长一个距离 x 后，小球和弹簧受到一个恢复力的作用一样，见图 1.5。

　　这种恢复力使小球或弹簧要回到原来的平衡位置，这种恢复力称为正恢复力。对空气团而言,在绝对稳定的温度层结下,它所受的力是正恢复力。在正恢复力作用下,空气团离开平衡位置后上升的高度不高,不会形成易降水的云,如淡积云。

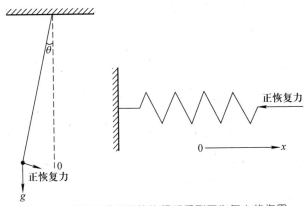

图 1.5 单摆小球和弹簧位移后受到正恢复力的作用

第二种情况是环境温度递减率大于绝热过程温度递减率,即 $\Gamma > \Gamma_d > \Gamma_m$,见图 1.6。

此时环境温度递减率大于绝热过程温度递减率,这种情况常发生在夏天的下午,太阳将地面加热到 40 ℃(太阳光经过大气时几乎不加热大气),此时环境温度递减率 Γ 特别大。原来和环境有相同温度的空气团受扰动后就沿干绝热过程上升,空气团所受到的力不让空气团恢复到原来的平衡位置,上升过程中它的温度比环境温度高,继续上升到水汽凝结高度(2 000 m)后,沿湿绝热过程上升,这时仍然比环境温度高,在上升过程中水汽凝结形成淡积云、浓积云、积雨云,常常会下雷阵雨。这种环境温度的分布称为绝对不稳定的温度层结。

空气团为什么不像第一种情况那样又回来呢?这是因为空气团受到了浮力的作用。

空气团上升时,其温度比环境温度高,因而密度比环境空气密度小。按照阿基米德(Archimedes)原理,空气团所受到的浮力等于被排开的同体积的环境空气的重力,因而这种浮力使空气团

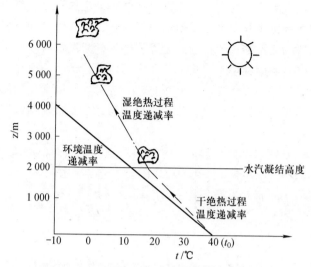

图 1.6 环境温度递减率大于绝热过程温度递减率
（实线表示环境温度递减率，虚线和点画线
分别代表干绝热和湿绝热过程的温度递减率）

继续上升。为了与使空气团回到平衡位置的正恢复力相区分，将这种使空气团离开平衡位置而不回到平衡位置的力称为浮力（负恢复力的一种）。

力学中从来没有提过"负恢复力"，这在大气中却成了现实。正恢复力的作用是使小球或弹簧恢复到原来平衡的位置。绝对稳定的大气温度层结同样也使空气团恢复到平衡位置。但浮力（负恢复力）使空气团离开原有平衡位置而不回来。浮力是大气中引起对流的驱动力，是引起降水的驱动力，它将空气团上升过程中的位能转换为动能。

为了区分正恢复力和负恢复力，设空气团的位移是 x，那么位移对时间的一次微商 $\dot{x} = \dfrac{\mathrm{d}x}{\mathrm{d}t} = y$ 就是速度。

这样，就可以 x 为横坐标、y 为纵坐标，在 (x,y) 平面（称为相平面或状态平面）上，绘出位置 (x,y) 随时间 t 的变化轨道。在

8

图中，设平衡位置为(0,0)，即相平面(x,y)的原点。对于正恢复力的情况，离开平衡位置后，速度 y 先增大，位移 x 也增大，如图 1.7(a)的 AB 段所示。到达 B 点后，速度为零，位移受正恢复力的影响开始减小，如图 1.7(a)中的 BC 段所示。又到达位置 C 后继续向下，位移增加，如图 1.7(a)的 CD 段所示。到达 D 点后速度为零，又开始向上，位移绝对值减小，如图 1.7(a)的 DA 段所示。

这样，在相平面(x,y)上绘出的轨道是一条闭合的圆曲线，见图 1.7(a)。而对于绝对不稳定的温度层结，由于它受到的是负恢复力，位移从平衡位置受到扰动后，无论是从平衡态的下方到上方，如图 1.7(b)中的 AB 段，还是从平衡态的上方到下方，如图 1.7(b)中的 CD 段所示，无论位移先减小后增加，如图 1.7(b)中的 EF 段所示，还是位移先增加后减小，如图 1.7(b)中的 GH 段所示，它们的轨道总要偏离平衡态到无穷远，见图 1.7(b)。它们的形状是双曲线。直线 y = x 和 y = -x 是它们的渐近线，且 x 轴和 y 轴是双曲线的对称轴。

从图 1.7 可以看出，正恢复力的相轨道表示位置围绕平衡位

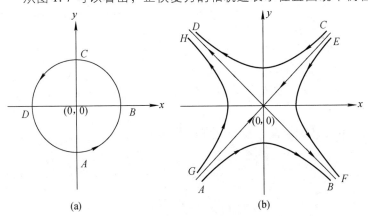

(a)   (b)

图 1.7　(a)正恢复力和(b)负恢复力的相轨道

(箭头指示时间增加的方向)

置$(0,0)$来回振荡，平衡位置也称为平衡点或奇点，此时$(0,0)$又称为中心点。负恢复力的相轨道，一个方向趋向于平衡点$(0,0)$，但不进入它，只要稍有偏离，就沿双曲线离平衡点$(0,0)$越来越远。另一个方向的相轨道离开平衡点$(0,0)$，此时$(0,0)$又称为鞍点。这样，正恢复力和负恢复力在物理上的差异必然可从几何上形象地区分开来。

正的和负的恢复力在大气中都可能存在，说明大气运动的丰富多彩性。

环境温度递减率的第三种情况是$\Gamma_{\text{m}} < \Gamma < \Gamma_{\text{d}}$，即环境温度递减率介于湿绝热过程温度递减率和干绝热过程温度递减率之间，见图1.8。这种环境温度分布称为条件不稳定的温度层结，即对于未饱和空气是稳定的，但对于饱和空气是不稳定的。这种情况下空气块团应沿干绝热过程上升，比环境温度低应该下沉，

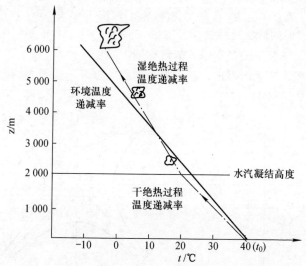

图1.8 环境温度递减率介于湿绝热过程温度递减率
和干绝热过程温度递减率之间
（实线代表环境温度递减率）

但因有外力强迫使空气团沿锋面（第8章介绍）上升直到凝结高度以上，凝结潜热释放后空气团沿湿绝热过程上升，反而比环境温度高，空气团就继续上升，空气团逐渐凝结成淡积云、浓积云，甚至出现易下雨的积雨云。

　　本章说明大气的实际温度随高度分布时刻在变化。通常，晚上是稳定层结，空气团受正恢复力作用不易形成对流。从几何上看是在平衡点附近来回振荡。白天，特别是夏天，温度是不稳定层结，空气团受负恢复力的浮力作用，易形成热对流，造成降水。

　　大气中的热对流，是下层热的空气向上，上层冷的空气向下，而形成上层空气和下层空气的热交换，并围绕穿过纸面的水平轴，在铅直平面上作旋转，形成对流涡旋，见图1.9。

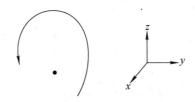

　　图1.9　围绕水平轴（如 x 轴）的垂直平面（如 yz 平面）上的涡旋

　　大气温度随高度变化，这是温度的分层或层结（stratification）。根据温度分层的不同，空气团可以受到正恢复力的作用，也可以受到负恢复力的作用。

　　正是在浮力这种负恢复力的作用下，下层的空气团垂直对流从地面上升到高空，高空的温度低，空气团容易饱和，而形成各种形式的云，甚至是降水的云。天空中的对流云就是这样"飞"上天的。

　　大气不但温度随高度变化，而且密度、压力等都随高度变化。在实验中，这种分层的条件是很难找到的。

参考文献

［1］ Lutgens F K. The Atmosphere, An Introduction to Meteorology. New York：Pearson Prentice Hall, 2010.

［2］ 刘式达. 从蝴蝶效应谈起. 长沙：湖南教育出版社，1994.

［3］ 刘式适，刘式达. 非线性大气动力学. 北京：国防工业出版社，1996.

［4］ Wallace J M. Atmospheruc Science, An Introductory Survey. Cambridge：Academic Press, 2006.

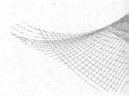

为什么会刮风?

除了浮力这种负恢复力引起上升运动造成大气降水外，另一种引起降水的原因是大气的同一水平面上有高压和低压之分而引起的风。俗话说"风是雨的头"，而风正是造成降水的另一个重要原因。为什么会刮风？人们早已知道"水往低处流"，高处的水一定要向低处流。大气可不像水那样有水位高低之分，但是实际表明，同一水平面上的大气却有高压和低压之分，就像陆地上有山峰和山谷一样，风就是由于水平方向存在着大气压力差而造成的。

大气的压力是指单位面积上空气柱的重量，其单位为 hPa（百帕）。因为空气密度在底层较大，在高层较稀薄，因此空气的压力在底层较大，在高层较小。通常地面的大气压力约为 1 000 hPa，即每平方厘米空气柱的重量大约为 1 kg。到 5.5 km 的高空，气压约为 500 hPa，是地面气压的一半；到 16 km 的高空，气压仅为 100 hPa，是地面气压的十分之一；到 20 km 的高空，气压仅为 50 hPa，是地面气压的二十分之一。总之，大气压力是随高度升高而减小的。但是，怎么同一高度的"水平面"上大气压力还有不同呢？

图 2.1 显示的是一种理想的压力分布，从赤道到极地，压力和纬度无关，即由赤道（北纬 0°）到极地（北纬 90°），同一高度"水平面"上的压力相同。

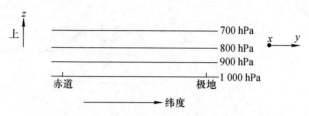

图 2.1　从赤道到极地的理想的大气压力分布

若设 y 方向沿经圈指向北，那么这种压力分布意味着 y 方向也就没有压力梯度 $\dfrac{\partial p}{\partial y}$ 了。同样，若等压线沿纬圈方向（设 x 方向沿纬圈切线方向指向东，图 2.1 上黑点表示由纸内向纸外穿出），则也是同一高度的"水平面"上气压相同，那么也就没有 x 方向的梯度了。因此，离地表面同一高度上的大气层若没有水平方向的气压梯度（梯度方向是由低压指向高压），也就不存在气压梯度所形成的力。这种由水平压差所形成的力称为气压梯度力（气压梯度力是由高压指向低压）。按照牛顿第二定律，没有水平气压梯度力，也就没有空气的水平运动，那么也就不存在风了。

可是，人们确实常常都能感觉到刮风，那么实际的大气压力分布是怎样的呢？

由于赤道（北纬 0°）的空气温度比北极（北纬 90°）的空气温度高，暖空气的密度小，气压随高度降低得慢，因而在赤道地区相差同一压力差（例如 100 hPa）的高度差则比极地差 100 hPa 的高度差要大，这样等压线就由赤道到极地向下倾斜，见图 2.2。

这样同一高度上的两点 A 和 B，由于 A 点靠近赤道，B 点靠近极地，因而 A 点的压力就高于 B 点的压力，AB 间的气压梯度力（简称 PGF）使空气由 A 点流向 B 点，这就产生了风，也就是

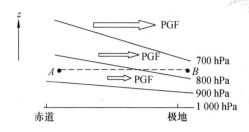

图 2.2 等压线由赤道到极地向下倾斜

说，风是由高压流向低压。它是由气压梯度力造成的。

这个事实说明，由于大气温度在同一水平面上处处不均匀，例如赤道暖、极地冷，因而就不会出现像水一样的"水平面"了，而在大气的同一水平面上有高压和低压之分，见图2.3。虽然看不见空气中高压的"峰"和低压的"谷"，但是空气中的压力场就像山峰和山谷的曲面，见图2.3(a)。将图2.3(a)投影到同一高度的水平面上就绘出了如图2.3(b)所示的等压线，此时就能看到有高压(G)和低压(D)之分了。还可看到有鞍点的鞍形场。图2.3所示的流场只是全球流场的一小部分。

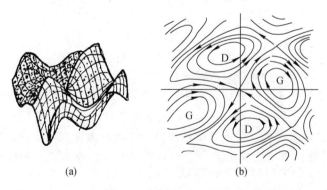

图 2.3 (a)实际的压力场曲面及(b)其在水平面上的投影

(图中箭头表示风向)

同时，越到高空，等压线的坡度越大，气压梯度力越大，因而风就越来越大，见图2.2中的空心箭头。所以高空常出现风速特别大的地带，称为急流带。

正是由于同一水平面上有高压和低压之分，因此气压梯度力造成低压区内，风由低压外向低压内吹，高压区内，风由高压内向高压外吹。无论在高压中心还是在低压中心，风速都是很小的。因此，对于高压，风速随离原点(0,0)的距离增加而增加；对于低压，风速离原点越近，风越小，风速和离原点的距离成正比。

高压系统和低压系统的等压线(虚线)以及风向(实线)见图2.4。

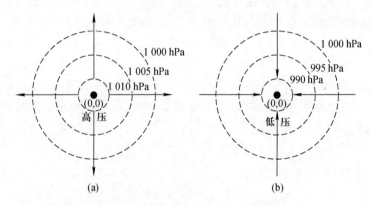

图2.4　(a)高压和(b)低压的相轨道
(图中虚线是等压线，箭头表示风的方向)

由图2.4可以看出，高压区内的风不断由内向外流出，这称为速度水平辐散，原点(0,0)称为源或不稳定结点；而低压区内的风则由外部的空气不断向内流进，这称为速度水平辐合，原点(0,0)称为汇或稳定结点。这样从几何上又把空气流出和流进区分开来。

地面高压区向外流出的空气，按照质量守恒原理，必然由上层的空气向下流动来补充，空气下沉，温度增加，不易凝结，常为晴朗天气。同样，地面低压区向内流进的空气，也不可能堆积，只能通过上升运动来诱导，见图2.5。由于低压区有上升运动,很易造成大气中的水汽凝结成云,易形成降水。所以天气预报中常说,低压来了要下雨,高压来了天空晴朗,就是这个道理。因此,水平风的辐合是形成降水的一条途径,见图 1.3(c)。

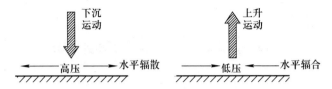

图 2.5 高压区水平辐散诱导下沉运动,低压区水平辐合诱导上升运动

前面说明,由于温度的不均匀造成气压梯度力,因而形成了风,甚至会造成降水。在大气中造成温度不均匀的因素很多,除了赤道和极地所受到的太阳辐射不同而产生南北温度差以外,在海洋和陆地的交界处,由于海洋的热容量比陆地的热容量大得多,白天大陆比海洋吸收更多的热,这种温度的不均匀会造成压力梯度,从而形成海、陆风环流。图 2.6 显示白天的海风,即地表风由海洋吹向陆地。

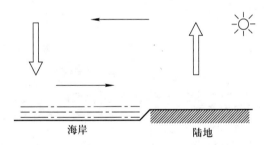

图 2.6 白天温度不均匀而形成的海风环流

海水的热容量大,降温比较慢,而陆地降温比较快,因而晚上海洋比陆地温度高,这样便形成地表由陆地吹向海洋的陆风环流,见图 2.7。

同一"水平面"上有高压和低压之分,改变了液体水同一水平面上的压力相同的概念,即大气本身有"山峰"和"山谷",这是大气在同一水平方向有"风"的原因。

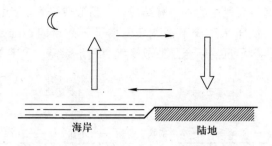

图 2.7 晚上温度不均匀而形成的陆风环流

大气由于种种原因(海陆分布不同、地形分布不同、纬度分布不同、白天晚上不同等)造成温度的水平也很不均匀,因而同一水平面上一定有水平压力梯度。也就是说,大气中的等压线和等温线通常是不重合的(见第6章),这是大气形成风和环流的重要原因。

本章阐述了大气温度随高度的不同而不同,又说明了温度在同一水平面上也不均匀,因而造成产生风的气压梯度力。

总之,刮风是由于同一水平面上有高压和低压之分,形成水平气压梯度力而造成的。

参考文献

[1] Ahrens C D. Meteorology Today, An Introduction to Weather, Climate, and the Environment. Belmont, CA: Brooks/Cole Cengage Learning, 2009.

[2] 刘式达, 梁福明, 刘式适, 等. 大气湍流. 北京: 北京大学出版社, 2008.

[3] 刘式适, 刘式达. 大气动力学. 2版. 北京: 北京大学出版社, 2011.

3
Chapter

风为什么会拐弯
而形成气旋和反气旋？

我们知道，地球上的风在力的作用下的运动是遵从牛顿定律的。不过牛顿定律只有在惯性系才准确成立。由于自转，地球并不是一个严格的惯性系，1835 年法国力学家科里奥利（G. G. Coriolis，1792—1893）引进了一个假想的力，后称为科里奥利力（简称科氏力）。在牛顿运动方程中计入科氏力，就可以把地球看成惯性系而不会产生偏差了。

物理学中早已知道在旋转的地球上存在科氏力，但是由于这种力只有在较大的运动尺度上才能显现，所以对经常来往于办公室和家之间的人们来说就没有"体会"。但是在半径为 6 370 km 的地球上，约 10 km 厚的大气层中，在这么大的运动尺度上，科氏力就显现了。

图 3.1 显示了在地球刮西风的不同纬度带上科氏力对风的影响。若初始时刻纯粹刮西风，4 h 后就开始有点北风，8 h 以后就刮西北风。

从物理学中已经知道科氏力的作用是使运动方向改变，在北半球是向右偏。从图 3.1 中可见，在初始时刻有 4 个纬度带刮西

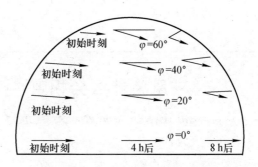

图 3.1　在不同纬度带上科氏力对风的影响

风，纬度越高，受科氏力的影响，风向偏斜的角度越大，在赤道科氏力不存在，而且科氏力使风向偏离的程度随风速增强而增大。这就说明科氏力会使风向偏转。

为了说明，科氏力的表达式是负的地球旋转角速度 $\boldsymbol{\Omega}$ 和风速 $\boldsymbol{v}$ 叉乘的 2 倍，即 $-2\boldsymbol{\Omega} \times \boldsymbol{v}$（符号 × 表示两个矢量的叉乘）。但 $\boldsymbol{\Omega}$ 和纬圈垂直，故沿东西方向 x（即纬圈的切线方向 $\boldsymbol{i}$）为零，而 $\boldsymbol{\Omega}$ 沿南北方向 y（即沿经圈切线方向 $\boldsymbol{j}$）的分量是 $\Omega\cos\varphi$，沿 z 方向（即地面垂直向上方向 $\boldsymbol{k}$）的分量为 $\Omega\sin\varphi$，见图 3.2。

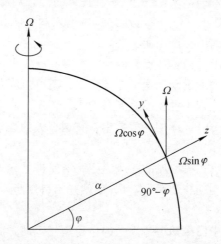

图 3.2　地球旋转角度 $\boldsymbol{\Omega}$ 在 y、z 方向的分量（x 方向是穿过纸面向内）

由于 **Ω** 在 z 方向的分量为 $\Omega\sin\varphi$，因此它和速度 ***v*** 的 y 方向分量 v 叉乘，按照右手螺旋法则应是 x 的负方向，所以科氏力在 x 方向的分量为 $2\Omega\sin\varphi\cdot v$。同理，它和速度 ***v*** 的 x 方向分量 u 叉乘，应是 y 方向，所以科氏力在 y 方向分量为 $-2\Omega\sin\varphi\cdot u$。

从第 2 章可以知道，若只有气压梯度力，空气流动的方向不是向外（高压）就是向内（低压），绝不存在旋转运动。但是在中纬度，高压、低压的尺度约上千千米，科氏力就非常重要了。有了科氏力，就可使高压和低压的运动旋转了起来。

图 3.3 是高压区和低压区由气压梯度力造成的 4 个向外或向内流动的速度场，在北半球受科氏力作用使风偏向右，而分别形成顺时针旋转和逆时针旋转的运动。

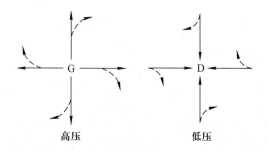

图 3.3　北半球高压作顺时针旋转，低压作逆时针旋转
（虚线表示由科氏力影响的风向）

由于风既受气压梯度力作用，又受科氏力作用，于是单位质量的气压梯度力 $-\dfrac{1}{\rho}\nabla p$ 和科氏力 $-2\boldsymbol{\Omega}\times\boldsymbol{v}$ 在水平方向平衡时，在 x 方向 ***i***、y 方向 ***j*** 的两力平衡的表达式为

$$\left.\begin{array}{l} v(2\Omega\sin\varphi) - \dfrac{1}{\rho}\dfrac{\partial p}{\partial x} = 0 \\[2mm] u(-2\Omega\sin\varphi) - \dfrac{1}{\rho}\dfrac{\partial p}{\partial y} = 0 \end{array}\right\} \qquad (3.1)$$

也可以写成

$$u_{g} = -\frac{1}{f\rho}\frac{\partial p}{\partial y}$$
$$v_{g} = \frac{1}{f\rho}\frac{\partial p}{\partial x}$$
$$\left.\right\} \qquad (3.2)$$

其中 $f = 2\Omega\sin\varphi$，称为科氏参数，ρ 为空气密度。

式（3.2）又可以写成叉乘形式

$$\boldsymbol{v}_{g} = -\frac{1}{f\rho}\nabla p \times \boldsymbol{k} \qquad (3.3)$$

其中：∇ 是梯度算符，∇p 是气压梯度（矢量），它由低压指向高压；$\boldsymbol{v}_{g}(u_{g}, v_{g})$ 称为地转风。图 3.4 显示了式（3.3）的地转风法则。

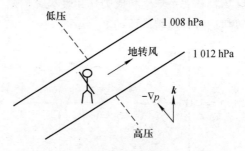

图 3.4 地转风法则

地转风关系式（3.2）说明，风速和气压梯度成正比，且风沿等压线吹（背风而立，高压在右，低压在左），且风速大小和等压线的疏密成正比：等压线越稀，风速越小；等压线越密，风速越大。图 3.5 显示了地转风风速随等压线疏密的变化。

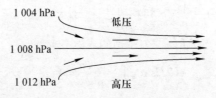

图 3.5 地转风风速（用箭头的长短表示风速的大小）随等压线疏密的变化

地转风是大气大尺度运动最基本的一种风。加进科氏力后，在北半球，高压的轨道就是沿着等压线作顺时针旋转的轨道，而低压的轨道就是沿着等压线作逆时针旋转的轨道。在北半球，作逆时针旋转的低压称为气旋，作顺时针旋转的高压称为反气旋，见图3.6(图中箭头方向就是地转风的方向)。

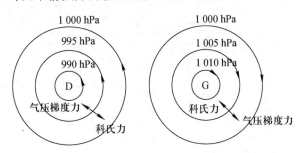

图3.6 气旋(D)和反气旋(G)的闭合轨道

确实，若站在气旋或反气旋的轨道上，后背朝着来风的方向，高压在右，低压在左。

由于空气沿等压线旋转，所以等压线是流线，在定常情况下也是轨线。

所以说，在大气中能使空气作大尺度水平旋转的主要力量是科氏力。在力学实验室中看不见科氏力，但将大气中的气旋和反气旋绘在地面天气图上就一目了然，见图3.7。

图3.7是1月份的地面天气图，图中高压为G，低压为D。等压线越密，表示气压梯度越大。从图3.7可以看出，我国正由大的冷高压控制，高压南部边缘等压线很密，风速很大。

从力学上考虑，气旋、反气旋均是受到气压梯度力和科氏力两种力共同作用的结果。它们的中心速度为零，称为中心点。

第1章提到的浮力是负恢复力，在大气中还有其他负恢复力的存在。图3.8显示了两个高压和两个低压之间存在的鞍形场。

应该注意，两个高压是"山峰"，两个低压是"山谷"，必然有一个鞍形通道作为过渡，见图2.3(a)，但这种负恢复力不是浮力(浮力是在垂直方向上离开平衡点)。这里的鞍形场使空气团在水平方向流进来的空气再流出去，保持流动的连续性，不

大众
力学
丛书

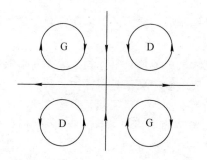

图 3.7　地面天气图上的气旋和反气旋

(粗实线为等压线)

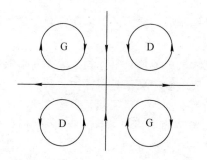

图 3.8　两个高压和两个低压之间的鞍形场

使空气堆积或漏失。

　　鞍形场是纯粹的变形流场,一个方向向外,使流场伸长变形,另一个方向向内,使流场压缩变形。

　　在第 8 章将看到,正是图 3.8 的鞍形场使锋面两边的物理量差别极大。

　　科氏力使空气运动产生气旋和反气旋那样的水平旋转,是力学中重要的发现。可以说,科氏力是使大气中空气作大尺度围绕垂直轴作水平旋转的主要力量。注意，第 1 章中浮力引起对流，它是围绕水平轴在垂直方向上旋转，见图 1.9。总之，使风产生水平弯曲的主要力量是科氏力。

参考文献

[1] 刘式达. 从蝴蝶效应谈起. 长沙：湖南教育出版社，1994.

[2] Fredrick J E. Principles of Atmospheric Science. Boston：Jones and Bartlett Publishers，2008.

[3] 刘式达，刘式适. 地球物理学中的混沌. 长春：东北师范大学出版社，1997.

[4] 大气(探索手册). 钟玲，译. 沈阳：辽宁教育出版社，2000.

大众
力学
丛书

摩擦力为什么会使风向气旋内或向反气旋外吹？

Chapter 4

若按照第 3 章所述，当气压梯度力和科氏力平衡时，如图 3.6 所示，风只能沿着等压线吹。在北半球，气旋作逆时针旋转，反气旋作顺时针旋转，风不会穿过等压线向内或向外吹。

但是，实际上在地面的气压系统中，在气旋，风是穿过等压线由外向内吹的，而在反气旋，风是穿过等压线由内向外吹的，见图 4.1。

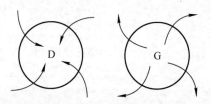

图 4.1 实际气旋、反气旋的风向
(粗实线表示等压线，细实线表示风向)

第 2 章图 2.4 说明，仅有气压梯度力时，高压区内的风沿直线呈辐射状向外吹，低压区内的风沿直线向内吹。而当有气压梯度力和科氏力时，风又变成沿等压线吹，作圆周运动。现在为什么风变成穿过等压线吹呢？也就是说，等压线并不是流线，这是什么原因呢？这是因为空气团除了受气压梯度力、科氏力作用外，还要受到一个摩擦力的作用。在力学中一般摩擦力的方向和运动方向相反。

在流体力学中一般摩擦力称为分子黏性力，它们的表达式是 $\nu \Delta \boldsymbol{v}$ 或 $\nu \nabla^2 \boldsymbol{v}$，其中 ν 是运动学黏性系数。符号 Δ 或 ∇^2 称为 Laplace 算子，也称为调和算子，即 $\Delta \equiv \dfrac{\partial^2}{\partial x^2} + \dfrac{\partial^2}{\partial y^2} + \dfrac{\partial^2}{\partial z^2}$。分子黏性力和摩擦力的物理含义相似。摩擦力不让向前走的物体走得太快。分子黏性力的调和算子使物体走得快的和走得慢的调和平均一下。这样，摩擦力加入以后，气压梯度力就和科氏力、摩擦力的合力相平衡，即

气压梯度力 = 科氏力 + 摩擦力

在高压和低压，这三个力的平衡示意图见图4.2。

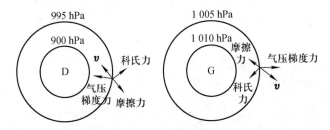

图4.2　三力平衡下的气旋和反气旋的风向

在这里仍假设摩擦力和速度方向相反，科氏力和风向垂直向右。从图4.2中可看出三力平衡的结果，的确使风（$\boldsymbol{v}$）穿过等压线，在低压轨道是螺旋向内吹，在高压轨道是螺旋向外吹，见图4.3。

摩擦力加进来以后，原来无摩擦力时的闭合水平涡旋就变成了螺旋涡旋。在北半球，高压是由内顺时针螺旋向外，而低压是由外逆时针螺旋向内。这里给人们的启示是自然界普遍存在螺旋斑图，这样看来摩擦力是不可缺少的。在力学实验室中仅仅将摩擦力看成是一种阻止运动前进的力量。通过气旋、反气旋的螺旋

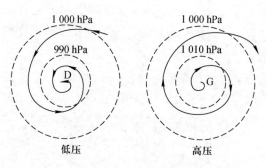

图 4.3　气旋和反气旋的流线是螺旋线
（虚线表示等压线，实线表示流线或轨线）

流线的分析，更可看到摩擦力是螺旋斑图不可缺少的因素，使认识加深了。

　　假如没有摩擦力，第 3 章已经说明，气旋、反气旋的中心是速度为零的点，称为中心点。有了摩擦力以后，此时反气旋内的中心是速度为零的点，速度螺旋向外增加；而气旋内的中心则是由外螺旋向内速度减小到为零的点。此时速度为零的点称为焦点，反气旋的焦点称为不稳定焦点，而气旋的焦点称为稳定焦点，见图 4.4。

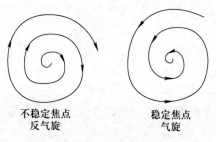

不稳定焦点　　　　　　　稳定焦点
反气旋　　　　　　　　　气旋

图 4.4　不稳定焦点和稳定焦点

　　从图 4.2 可以看出，摩擦力确实使气旋向内的风减速了，而摩擦力却使反气旋向外吹的风加速，这是什么原因呢？用极坐标 (r, θ) 来看，其中 r 的方向是从气旋和反气旋中心沿径向向外，θ 是 x 轴逆时针旋转的角度，见图 4.5。

4 摩擦力为什么会使风向气旋内或向反气旋外吹?

若没有摩擦力，只有气压梯度力和科氏力平衡时，气旋和反气旋都是沿圆周运动，因而只有沿圆周方向的切向速度 $\left(v_\theta = r\dfrac{\mathrm{d}\theta}{\mathrm{d}t} \text{，其中} \dfrac{\mathrm{d}\theta}{\mathrm{d}t} \text{为角速度} \right)$，没有径向速度 $\left(v_r = \dfrac{\mathrm{d}r}{\mathrm{d}t} = 0 \right)$。因此加进摩擦力后，图 4.4 所示的螺旋运动不

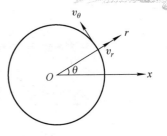

图 4.5　极坐标 (r, θ)

但有切向速度，而且有了径向速度。下面就来介绍新增加的径向速度 v_r。

径向速度 v_r 反映了向径 r 随时间 t 的变化 $\dfrac{\mathrm{d}r}{\mathrm{d}t}$。从图 4.3 可以看出，对气旋而言，向径 r 随时间 t 增加而减小。而对反气旋，向径 r 随时间 t 增加而增加。不妨将 r 随时间 t 的变化写成指数函数形式

$$r = e^{-at} \tag{4.1}$$

其中 a 是常数。对气旋，$a > 0$；对反气旋，$a < 0$。

因此在三力平衡的气旋和反气旋系统中，均有摩擦力。但是对于气旋，螺旋振荡的振幅 r 随时间增加而减小；而对于反气旋，螺旋振荡的振幅 r 随时间增加而增加。为了区分这两种情况，把振幅随时间减小的情况称为正阻尼，而把振幅随时间增加的情况称为负阻尼。

同样，仅有气压梯度力的高压和低压系统如图 2.4 所示。对低压系统，径向速度随时间增加而减小，属于正阻尼；对高压系统，径向速度随时间增加而增加，属于负阻尼。

无论从图 2.4，还是从图 4.3 来看，正阻尼相当于空气流进来，负阻尼相当于空气流出去。

为了量度水平方向空气是流进还是流出，在相平面 (x, y) 上取一个小面积元 $A = \Delta x \Delta y$，见图 4.6(a) 和 (b)。

从图 4.6 可以看出，对低压和气旋，小面积元 A 的面积随时

大众
力学

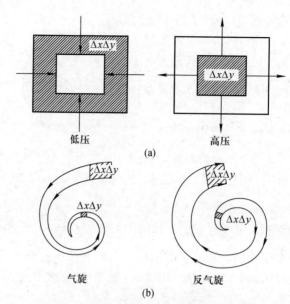

图 4.6 (a)低压和高压、(b)气旋和反气旋
小面积元 A 随时间的变化

间增加而减小；对高压和反气旋，小面积元 A 的面积随时间增加
而增加。

为此计算小面积元 A 的面积随时间变化的相对变化率：

$$\frac{1}{A}\frac{\Delta A}{\Delta t} = \frac{1}{A}\frac{\Delta}{\Delta t}(\Delta x \cdot \Delta y) = \frac{1}{A}\left[\Delta\left(\frac{\Delta x}{\Delta t}\right)\cdot\Delta y + \Delta\left(\frac{\Delta y}{\Delta t}\right)\cdot\Delta x\right]$$

其中符号 Δ 表示变量的差，$\dfrac{\Delta x}{\Delta t}$ 和 $\dfrac{\Delta y}{\Delta t}$ 分别是速度 $\boldsymbol{v}$ 的 x 方向分量 u
和 y 方向分量 v：

$$u = \frac{\Delta x}{\Delta t}, \quad v = \frac{\Delta y}{\Delta t}$$

因此

$$\frac{1}{A}\frac{\Delta A}{\Delta t} = \frac{1}{\Delta x \Delta y}\left[(\Delta u \cdot \Delta y) + (\Delta v \cdot \Delta x)\right]$$

$$= \frac{\Delta u}{\Delta x} + \frac{\Delta v}{\Delta y}$$

上式取极限 $\Delta x \to 0$, $\Delta y \to 0$, 得

$$\frac{1}{A}\frac{\Delta A}{\Delta t} = \frac{\partial u}{\partial x} + \frac{\partial v}{\partial y} = D \qquad (4.2)$$

式(4.2)右端称为速度的水平散度,它是速度分量在自己方向(u 在 x 方向, v 在 y 方向)的变化率之和,物理上代表空气团上小面积元 A 随时间的变化率,记为 D。

从图4.6可以看出,对低压和气旋,小面积元随时间增加而减小,因而 $D < 0$,称为速度辐合,它表示空气流进来。而对高压和反气旋,小面积元随时间增加而增大,故 $D > 0$,称为速度辐散,它表示空气流出去。换句话说,速度水平辐合 $D < 0$ 表示空气水平流进来的多,流出去的少;速度水平辐散 $D > 0$ 表示空气水平流进来的少,流出去的多。

这样正、负阻尼从物理上就分别相当于水平辐合 $D < 0$ 和水平辐散 $D > 0$。

力学上从来不提及负阻尼、负黏性,实际上在大气流场中正、负阻尼的存在是客观的,且负阻尼、负黏性可以看做是运动的驱动力。

归纳来讲,若气压梯度力和科氏力平衡,就只有切向速度,没有径向速度,也就没有正、负阻尼。但是加进了摩擦力后,就增加了径向速度,就有了正、负阻尼了。

有了正、负恢复力和正、负阻尼的概念以后,在以正阻尼为横轴正方向(或水平辐合 $D < 0$)、以正恢复力为纵轴的正方向的参数平面,就可以将大气二维速度场进行分类,见图4.7。

图4.7说明如下:

① 浮力是负恢复力,此时流场只有鞍形场,奇点是鞍点。

② 仅有气压梯度力作用时,有两种情况:流场是直线向内,奇点是稳定结点(正阻尼,水平辐合),中心是低压;流场是直线向外,奇点是不稳定结点(负阻尼,水平辐散),中心是高压。

③ 当气压梯度力和科氏力二力平衡时(无阻尼),流场是围

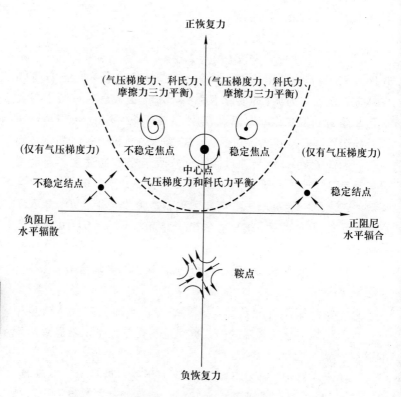

图 4.7　大气二维流场分类

绕中心的闭合涡旋(气旋或反气旋)，奇点是中心点。

　　④ 当气压梯度力和摩擦力、科氏力的合力三力平衡时，流场是螺旋，正阻尼时是气旋，奇点是稳定焦点，负阻尼时是反气旋，奇点是不稳定焦点。

　　⑤ 图4.7的横轴下方是鞍点，上方是结点。当控制参数变化后，状态穿过横轴时发生的状态转变则称为鞍结分岔。

　　⑥ 图4.7的纵轴在左边是不稳定焦点，右边是稳定焦点。当控制参数变化后，状态穿过纵轴时所发生的状态变化，称为Hopf分岔。分岔出一个周期状态，称为极限环。这种周期状态和图4.7中无阻尼的围绕中心点的周期状态本质上不同。极限环

32

是摩擦力的耗散系统的周期状态。

图 4.7 使人们从几何上分清不同受力情况下物体的运动轨道。只要知道恢复力和阻尼力的正负，而不必去求解牛顿第二定律所表示的微分方程，就能够从定性上来判断力学上物理状态的运动状况。所以力学和几何、拓扑是紧密相连的。

若是负恢复力(如浮力)，则不管是正阻尼还是负阻尼，轨道都是鞍形场，速度为零的点(奇点)是鞍点。

只有正恢复力时，正阻尼时所有轨道向内，负阻尼时所有轨道向外。

若是正阻尼(或水平辐合)，且阻尼力大，则速度场为零的点是稳定结点，若恢复力大，则速度为零的点是焦点。负阻尼的情况类似。若无阻尼，速度场为零的点是中心点。

力学中不提 "负阻尼"，大气中的气旋和反气旋的生动实例却把这个被疏忽的概念很生动地显示出来。可借鉴气旋、反气旋作为进一步研究负黏性的基础。

大气中经常不考虑黏性力，本章说明黏性力是由涡旋变成螺旋所不可缺少的力。不能总把黏性力看成耗散，负黏性力是运动的驱动力。

这里说明摩擦力和阻尼是两个不同的概念。阻尼有正负之分。

参考文献

[1] Wallace J M. Atmospheric Science，An Introductory Survey. Cambridge：Academic Press，2006.

[2] Hewitt P G. Conceptual Physical Science. San

Franciso: Pearson Education Inc. , 2007.

[3] Ahrens C D. Essential of Meteorology. Belmont: Thomson/Brooks Cole, 2008.

[4] Rauber R M. Severe and Hazardous Weather, An Introduction to High Impact Meteorology. Dubuque, Iowa: Kendall/Hunt Publishing Company, 2002.

[5] 刘式达, 刘式适. 非线性动力学和复杂现象. 北京: 气象出版社, 1989.

大众
力学
丛书

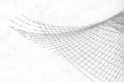

为什么气旋会降水，反气旋会晴天？

电视台天气预报节目中常说，气旋要来了，要下雨，或一个冷高压要来了，要刮风，是大晴天。这是为什么呢？要降水，必须有上升运动。在气旋内会诱发上升运动，在反气旋内会诱发下沉运动，这是为什么呢？这是因为大气要保持质量守恒，也就是说"流进去"的空气要等于"流出来"的空气，空气不能堆集，也不能漏掉。

大气要保持质量守恒，这意味着在三维空间(x,y,z)中空气要流进来、流出去，不能在某个地方堆集。第4章已经说到在气旋内，空气水平方向由外向内水平辐合$(D<0)$，它就表示在水平面上流进来的多、流出去的少。为了保持质量守恒，那么空气又不能钻到地下，而只能将水平流进来的空气向上再流出去，这就诱发出上升运动而造成降水，见图1.3。而对于反气旋，空气水平辐散$(D>0)$，也就是说空气流出去的多、流进来的少。为了保持质量守恒，那么必须由垂直方向以下沉运动的方式来补充高压内空气的不足，这就产生下沉运动。下沉运动空气温度增加，水汽不易凝结而形成晴天。这种诱发上升运动和下沉运动的示意图见图5.1。

在图 2.5 中，正是因为气旋内由于质量守恒而诱导上升运动，水汽容易凝结，所以易造成降水。注意，螺旋运动和图 2.5 的直线运动不同。气旋的螺旋运动将上升过程中周围的冷空气卷进来，使水汽饱和凝结成水或冻结成冰的量更多。

气旋和反气旋除了水平辐合、辐散 D 的符号有差别外，表征它们旋转的垂直涡度的符号也不一样。

所谓速度旋度或速度涡度是个矢量，它是旋转角速度 $\boldsymbol{\omega}$ 的两倍，见图 5.2。$\boldsymbol{\omega}$ 的方向与转轴重合，其指向按照右手螺旋法则的规定。

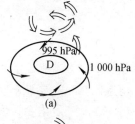

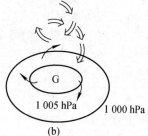

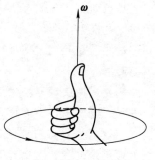

图 5.1　(a)气旋和(b)反气旋诱发垂直运动

（图中数值是等压线的压力值）

图 5.2　旋转角速度 $\boldsymbol{\omega}$

由于气旋、反气旋只在水平面上运动，因此速度旋度只在垂直方向有分量 ω_z，它反映出气旋和反气旋围绕垂直轴作水平旋转的强度，即

$$\omega_z = 2 \times \frac{\mathrm{d}\theta}{\mathrm{d}t} \qquad\qquad (5.1)$$

由于气旋作逆时针旋转，按力学规定，见图4.5。逆时针旋转的角度 θ 随时间增加而增加，即 $\dfrac{d\theta}{dt}>0$，角速度为正，因而垂直涡度 ω_z 也是正的。而对于反气旋，顺时针方向旋转，角速度为负，即 $\dfrac{d\theta}{dt}<0$，因而 ω_z 是负的。

在无摩擦力时，图4.5显示气旋、反气旋仅有切向速度 v_θ，它在 x、y 方向的分量分别表示为 u 和 v，见图5.3。

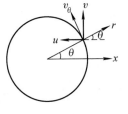

所以

$$u = -\frac{d\theta}{dt} \cdot y = -\frac{1}{2}\omega_z y$$

$$v = \frac{d\theta}{dt} \cdot x = \frac{1}{2}\omega_z x \qquad (5.2)$$

图5.3 切向速度 v_θ 的
分量 u 和 v

由式(5.2)求出垂直涡度 ω_z 为

$$\omega_z = \frac{\partial v}{\partial x} - \frac{\partial u}{\partial y} \qquad (5.3)$$

式(4.2)中的速度水平散度 D 代表速度沿自己方向的变化率，而由式(5.3)看出，垂直涡度 ω_z 代表速度沿与自己方向相垂直的方向的变化率。图5.4显示 x 方向的速度在 y 方向的变化。

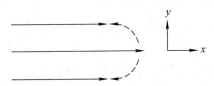

图5.4 涡度的物理：速度剪切

图5.4中说明在最大速度的上方和下方的速度均较小。在上方，由于速度剪切，易产生逆时针方向旋转。在下方，由于速度剪切，易产生顺时针方向旋转。这就产生了动量交换。

再将地转风关系式(3.2)中的 u_g 和 v_g 作为 u 和 v 代入式(5.3)中，得到

$$\omega_z = \frac{\partial v}{\partial x} - \frac{\partial u}{\partial y} = \frac{1}{f\rho}\left(\frac{\partial^2 p}{\partial x^2} + \frac{\partial^2 p}{\partial y^2}\right) \tag{5.4}$$

式(5.4)说明气旋、反气旋的垂直方向涡度分量 ω_z 和气压 p 的水平拉普拉斯(Laplace)算子成正比,且符号相同。其中压力的二维 Laplace 算子可用差分表示为

$$\nabla_h^2 p \Big|_0 = \frac{\partial^2 p}{\partial x^2} + \frac{\partial^2 p}{\partial y^2}\Big|_0 \sim \frac{\Delta^2 p_0}{(\Delta x)^2} + \frac{\Delta^2 p_0}{(\Delta x)^2}$$

$$= \frac{p_1 + p_2 - 2p_0}{(\Delta x)^2} + \frac{p_3 + p_4 - 2p_0}{(\Delta x)^2} = \frac{\sum_{i=1}^{4} p_i - 4p_0}{(\Delta x)^2} \tag{5.5}$$

见图 5.5。其中符号 Δ^2 表示二阶差分,在式(5.5)中设 $\Delta x = \Delta y$,$\nabla_h^2 = \frac{\partial^2}{\partial x^2} + \frac{\partial^2}{\partial y^2}$ 表示水平 Laplace 算子。

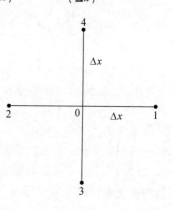

由式(5.5)看出,对反气旋的高压,由于中心 p_0 的压力比周围 4 个点都高,所以 $\omega_z = \nabla_h^2 p < 0$。对气旋的低压,由于中心 p_0 的压力比周围 4 个点都低,所以 $\omega_z = \nabla_h^2 p > 0$。这说明气旋是正垂直涡度 $\omega_z > 0$,反气旋是垂直负涡度 $\omega_z < 0$。在实际中气旋常发生在涡度较强的区域,

图 5.5   点 0 处的压力 p 的二维 Laplace $\nabla_h^2 p \big|_0$

如锋面附近;反气旋常出现在辐散比较强的区域,如副热带高压。

表 5.1 列出气旋、反气旋水平散度 D 和垂直涡度 ω_z 以及式(4.1)中 a 和 $\nabla_h^2 p$ 的符号。

表 5.1   气旋、反气旋的水平散度 D 和垂直涡度 ω_z 以及 a 和 $\nabla_h^2 p$ 的符号

	D	ω_z	a	$\nabla_h^2 p$
气旋	<0	>0	>0	>0
反气旋	>0	<0	<0	<0

表 5.1 说明，气旋或反气旋的水平辐散 D 和垂直涡度 ω_z 的符号总是相反。

从式 (4.1) 看出，符号 a 就决定了螺旋轨道随时间 t 增加是增加还是减小。对 $a>0(D<0,\omega_z>0)$ 的气旋，随时间 t 增加到 $+\infty$，$\mathrm{e}^{-at}\to0$，则 r 趋向原点。可以说原点是气旋 $t\to+\infty$ 时的归宿。这符合气旋轨道螺旋向内的特征。对 $a<0(D>0,\omega_z<0)$ 的反气旋，随时间 t 增加到 $+\infty$，$\mathrm{e}^{-at}\to\infty$，则 r 趋向 ∞，这正是反气旋轨道螺旋向外的特征。换个说法，对反气旋当 $t\to-\infty$ 时，$r\to0$，所以也可以说原点是反气旋 $t\to-\infty$ 时的归宿。

从上面可以知道，摩擦力永远是和速度方向相反，但阻尼项中的 a 可正可负。当 $a>0$ 即辐合 ($D<0$)，或有正垂直涡度 ω_z 时，则表示正阻尼，而当 $a<0$ 即辐散 ($D>0$)，或有负垂直涡度 ω_z 时，则代表负阻尼。从以上分析知道，摩擦力和阻尼不是一个概念，摩擦力永远和速度前进的方向相反，而阻尼是看速度随时间增加而变化的情况。当速度随时间增加而减小，则是正阻尼。若速度随时间增加而增加，则是负阻尼。负阻尼是运动的驱动力。

式 (5.4) 说明，被动的物理量 $\nabla^2 p$ 还和主动的物理量速度的涡度相联系，这就可以用 $\nabla^2 p$ 来判断速度场的旋量 ω_z。

当 $\nabla_h^2 p>0$ 代表正阻尼，表示涡度 $\omega_z>0$；当 $\nabla_h^2 p<0$ 代表负阻尼，表示涡度 $\omega_z<0$。将其推广到速度场，分子运动学黏性系数 ν 虽然是正的，但 $\nabla^2 u$、$\nabla^2 v$、$\nabla^2 w$ 在大气中可正可负。它们是正，则是正黏性；若它们是负，则是负黏性。这样，将一般流体力学中从不提的"负黏性"在真实的大气运动中表现了出来，不能不说大气运动把力学中的很多概念深化了。

参考文献

［1］　赵凯华，罗蔚茵. 新概念物理教程：力学. 北京：高等教育出版社，1995.

［2］　刘式达，刘式适. 大气涡旋动力学. 北京：气象出版社，2011.

［3］　刘式达. 从蝴蝶效应谈起. 长沙：湖南教育出版社，1994.

［4］　Abraham R H. The Visual Mathematical Library, Dynamics, The Geometry of Behavior. Santavruz: Aerial Press Inc. , 1982.

为什么风会随高度升高而增大？

大家在电视中看到中国运动员攀登喜马拉雅山时，山上的风很大，由此可知高空的风比低空的风要大，这是为什么呢？

前面已经介绍过大气处在不稳定层结（$\varGamma > \varGamma_\mathrm{d}$）时，会出现浮力（负恢复力），又提到反气旋的水平辐散是一种负阻尼。这是大气运动的特色。现在再说一说另一个特色，就是大气的斜压性。

由理想气体状态方程

$$p = \rho RT \quad 或 \quad \rho = \frac{p}{RT}$$

得知，通常密度 ρ 是压力 p 和温度 T 的函数。但是当密度 ρ 仅仅是压力 p 的函数时

$$\rho = \rho(p) \quad 或 \quad \nabla\rho \times \nabla p = 0 \qquad (6.1)$$

满足式（6.1）关系的热力学性质通常称为正压大气。由于等压面和等密度面重合，它们之间的角度为零，故可以写成叉乘形式 $\nabla\rho \times \nabla p = 0$。图 6.1 显示了某固定高度上等压面和等密度面重合下的等压线和等密度线。

对于正压大气，由理想气体状态方程可知，等压面也必然和

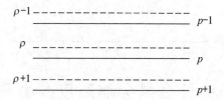

图 6.1　正压大气某高度上的等压面和等密度面重合

等温度面重合，也就是等压面上无水平温度梯度，$\nabla T = 0$。正压大气会导致什么结果呢？

对于等压面上不同的点，由于其温度相同，若变化同样的高度 δz，所改变的气压 δp 也相同，因而等压面彼此平行，等压面坡度不随高度改变，这样改变 δz 后，该高度上的水平气压梯度力和原来高度上的相同。由地转风关系式(3.2)，因此 δz 高度上的风就和原高度上的风相同，即风不随高度而变化。

但是，若大气不是正压的，即密度 ρ 不仅和压力 p 有关，还和温度 T 有关：

$$\rho = \rho(p, T) \quad \text{或} \quad \nabla \rho \times \nabla p \neq 0 \quad \text{或} \quad \nabla T \times \nabla p \neq 0 \quad (6.2)$$

这样的大气称为斜压大气。

图 6.2 显示出，北半球从赤道到北极，由于赤道和极地间的温差，而造成等压面坡度随高度增加而增加。

从图 6.2 可以看出，由于等压面和等温面不重合，赤道温度

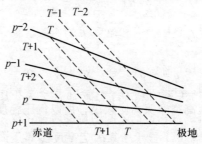

图 6.2　大气斜压性

（实线为等压线,虚线为等温线）

比极地温度高，因而赤道的密度小。要改变同样的气压差 δp，赤道所改变的高度差 δz 要大于极地的高度差。由于地转风和气压梯度成正比，到高空后，等压面坡度增加了，因而风速就加大了，参看图 2.2。

换一种说法。若改变同样的气压差 δp，赤道所改变的温度差 δT 要大于极地的温度差。因而到高空后，等温面的坡度加大了，也就是等压面上水平温度梯度加大了。也就是说，地转风随高度的变化和等压面上的温度梯度成正比，即

$$\frac{\partial u_g}{\partial z} \sim -\frac{\partial T}{\partial y}$$

$$\frac{\partial v_g}{\partial z} \sim \frac{\partial T}{\partial x} \qquad (6.3)$$

地转风随高度的变化称为热成风。和地转风关系式 (3.2) 类似，式 (6.3) 意味着背热成风而立，高温在右，低温在左。热成风并不是真正的风，它表示的是高空风和地面风的矢量差。

虽然热成风并不是真正的风，但是它说明等压线和等温线相交时，风是随高度变化的，高空的风等于地面的风加上热成风。

图 6.3 是海平面上的等压线和等温线相交 (即斜压) 时，风随高度的变化。

图 6.3 中地面风平行于等压线 (高压在右)，热成风平行于等温线 (高温在右)。高空风是地面地转风和热成风的矢量和。图 6.3(a) 说明，此时高空风将暖空气吹向冷空气，这称为暖平流。而图 6.3(b) 说明，高空风是将冷空气吹向暖空气，因而是冷平流。因此大气斜压性是风随高度增加的主要原因，也是造成冷暖平流的根本原因。冷暖平流是天气变冷或变暖的象征。

由于在大气高空摩擦力比较小，所以气压梯度力和科氏力相平衡而产生自西向东的流动，流线就是等压线，见图 6.4。

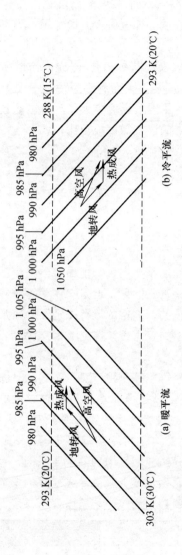

图 6.3 等压线和等温线不平行时地面和高空的风

(a) 暖平流

(b) 冷平流

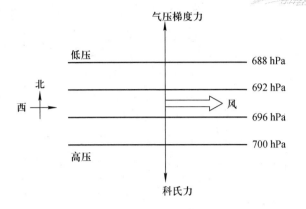

图 6.4　高空 3 000 m 高度上等压线分布及西风

　　大气中受热不均匀的情况很多，除了赤道和极地受热不均匀外，海陆受热也不均匀，很易形成等压面和等温面相交的斜压大气。

　　例如，图 6.5 是海洋和内陆的交界处。白天太阳将陆面加热，吸收热量比海洋多，因而形成陆面空气上升，在上空吹向海洋后下沉，在海面则吹向陆面而形成海风环流，它们的等压线和等温线标注在图 6.5 上。

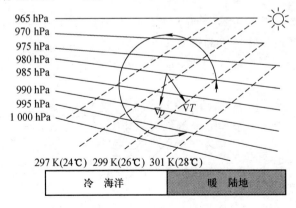

图 6.5　大气斜压性引起的海风环流

大众
力学
丛书

这样压力梯度∇p 和温度梯度∇T 有一交角,那么环流方向就是围绕∇p 和∇T 叉乘∇p × ∇T 的轴(右手螺旋法则的拇指方向)的旋转方向。晚上的陆风环流、等压线和等温线见图6.6。

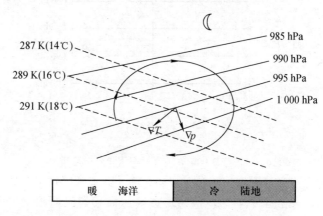

287 K(14℃)
289 K(16℃)
291 K(18℃)

985 hPa
990 hPa
995 hPa
1 000 hPa

∇T ∇p

| 暖　　海洋 | 冷　　陆地 |

图 6.6　大气斜压性引起的陆风环流

从图6.6 看出,环流方向也是围绕∇p × ∇T 的轴的旋转方向。由此看出,大气斜压性可以用∇p × ∇T 来确定大气运动的环流方向。图2.6 和图2.7 的环流正是按∇p × ∇T 来绘制的。

带有地形的海陆风有时会带来恶劣的天气,如沙尘暴,即白天在强烈的太阳光照射下,干的甚至带有沙尘的暖空气上升,引起和强的积云对流,见图6.7。

图6.8 显示从地面1 000 hPa 到大气上界,全球冬季和夏季的纬向平均风速分布。

明显看出,全球流场中纬度的风速随高度增加而增强。

归纳来讲,风随高度变化的原因是大气斜压性,而且斜压性可以产生环流。

图 6.7　山坡上干的上升气流
引起强对流,甚至沙尘暴

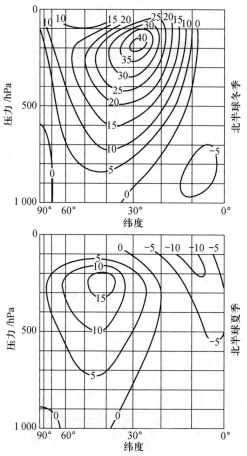

图 6.8　全球纬向平均风速（m/s）

参考文献

［1］　Fredrick J E. Principles of Atmospheric Science. Boston: Jones and Bartlett Publishers, 2008.

[2] 刘式适，刘式达. 大气动力学. 2版. 北京：北京大学出版社，2011.

[3] 刘式达，刘式适. 大气涡旋动力学. 北京：气象出版社，2011.

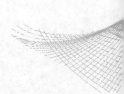

天气的好坏为什么常与
高空槽和脊相联系?

天气预报员常说: "西部高空有个小槽要过境,天气要变坏",这是什么意思呢?

前面已经知道,高空空气的摩擦力很小,因而中纬度的高空风基本上处于气压梯度力和科氏力相平衡的西风状态。但是风绝对不是沿着纬圈自西向东吹的,常呈现波动状态,它称为 Rossby 波。这是为什么呢?

由于地球是旋转的,空气在地球表面上的运动一般要遵守力学中的角动量守恒定律。角动量是和旋转的角速度成正比的,也就是和涡度成正比。地球本身旋转的垂直涡度可由图 3.2 看出,即 $f = 2\Omega\sin\varphi$,它称为牵连涡度。而空气相对于地球而言,其旋转的铅直涡度 ω_z 是气旋或反气旋旋转角速度的两倍,ω_z 称为相对涡度。在旋转的地球上相对垂直涡度 ω_z 和牵连涡度 f 之和称为绝对涡度。因此力学中的角动量守恒定律,在地球上就体现为绝对涡度守恒定律:

$$\frac{\mathrm{d}(\omega_z + f)}{\mathrm{d}t} = 0 \quad \text{或} \quad \omega_z + f = 常数 \quad (7.1)$$

这里的符号 $\dfrac{\mathrm{d}}{\mathrm{d}t}=0$，表示空气团在运动过程中保持绝对涡度是常数。正像第 1 章介绍的绝热过程，空气团保持熵（或位温）是常数一样。

图 7.1 是一个气旋式旋转系统（$\omega_z > 0$），当它向赤道运行时，由于 $f = 2\Omega\sin\varphi$，φ 减小，f 也减小。为了保持绝对涡度守恒，那么 ω_z 就要增大，导致气旋性涡度增加，产生一个向北运动，形成一个气旋式的槽。

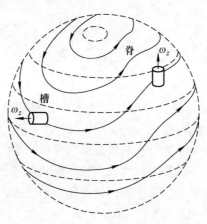

图 7.1　Rossby 波形成机理

向北运动中，φ 加大，因而 f 加大，要保持绝对涡度守恒，那么气旋式涡度就减小，最后转变成一个反气旋式涡度（$\omega_z < 0$），空气团又向南运动，形成一个反气旋式的脊。这样全球中纬度高空流场（气压场）就形成一种由西向东的波动状态，有槽有脊，见图 7.2。

因此，高空的流场绝不是平直的西风，而是有槽有脊的 Rossby 波（等压线流线）。在水面上扔一个石子，引起水波，这种波动的机理是作为恢复力的重力。在 Rossby 波中，科氏力就是这种波动的恢复力，它引起空气在高空水平方向的波动。

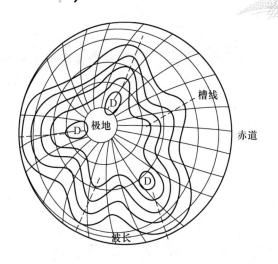

图 7.2　全球的流场

　　正因为流线上有槽有脊，南北的冷暖空气才有交换。有槽的地方，表示有冷空气向南活动，有脊的地方，表示有暖空气向北活动。正是由于冷、暖空气的活动，才能形成锋面，寒潮等天气系统造成降水、大风等天气现象。同样正是因为斜压大气，在高空的流场中等温度线和等压线相互交错，通常温度槽落后于气压槽，即温度槽在气压槽西边，见图 7.3。

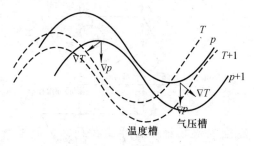

图 7.3　高空斜压性温度槽（虚线）落后于气压槽（实线）

　　这里的槽脊表示等压线、等温线不是和纬圈平行。在等压线槽处表示冷空气南下，是冷平流；在等压线脊处表示暖空气北

由于这种斜压大气，水平压力梯度 ∇p 和水平温度梯度 ∇T 就形成交角，且两者的叉乘 $\nabla p \times \nabla T$ 在等压线槽处会产生一种反时针旋转的环流（气旋），而在等压线脊处会产生一种顺时针旋转的环流（反气旋），见图 7.3。

正是这种斜压性使气旋、反气旋有明显的三维结构。对地面的气旋，由表 5.1 可以看出，水平辐合 $D < 0$，涡度 $\omega_z > 0$，由于质量的连续性到高层必然要水平辐散 $D > 0$，那么高空等压线就由窄变宽，必然使涡度由 $\omega_z > 0$ 变成反气旋涡度 $\omega_z < 0$。应该指出，地面低压不全是热气团控制，而是在其西部冷锋的后面是冷空气，它的密度大，气压随高度增加而衰减得快，到 300 hPa 高空时已变成低压槽，所以地面低压是在高空低压槽的前面。而对于地面的反气旋，由第 5 章的表 5.1 可以看出，水平辐散 $D > 0$，涡度 $\omega_z < 0$，由于质量的连续性到高层必然水平辐合 $D < 0$，但地面反气旋的西南部是暖空气，它的密度小，因而气压随高度增加

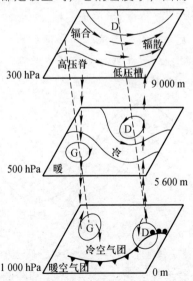

图 7.4　地面高压和低压的三维结构

而衰减得慢，到 300 hPa 高空就变成高压脊，所以地面高压是在高空高压脊的前面，表现为高空等压线由宽变窄，见图 7.4。

正是因为高空槽前是地面低压，所以天气预报员才说，高空槽过境，天气要变坏，要下雨。

高空和低空的大气是一个整体，高空的 Rossby 波及其槽、脊不断自西向东流动，因而中纬度的气旋、反气旋也不断自西向东移动。降水、晴天周而复始，造成天气的千变万化。

参考文献

[1] Wellace J M. Atmospheric Science, An Introductory Survey. Cambridge: Academic Press, 2006.

[2] 刘式适，刘式达. 大气动力学. 2 版. 北京: 北京大学出版社, 2011.

[3] 刘式达. 从蝴蝶效应谈起. 长沙: 湖南教育出版社, 1994.

8
Chapter
冷、暖气团相遇为什么会降水?

　　由于高空 Rossby 波的存在，高空的等压线(即流线)也呈槽脊交替的状态。图 8.1 显示了高空槽前的一个低压和高空脊前的一个高压，参看图 7.4。槽后冷空气由极地向赤道并向下输送，高压脊前的暖空气由赤道向极地并向上输送，这种冷、暖气团经常会相遇，冷、暖气团的交界面就称为锋面。当冷空气推着暖空气走时，这个交界面就称为冷锋；当暖空气推着冷空气走时，这

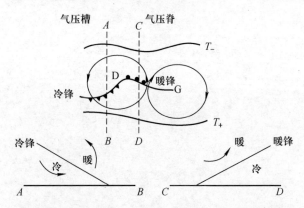

图 8.1　中纬度由于斜压性而形成的冷锋和暖锋锋面

个交界面就称为暖锋。从大范围讲，在高空槽内形成的气旋涡旋和高空脊内形成的反气旋涡旋，由于这种热量输送，在低压区的西部冷空气向暖空气的下方楔入，暖空气则在冷空气上面抬升。冷暖空气的交界面(锋面)向冷空气一方倾斜，而形成冷锋。在低压区的东部暖空气侵入并沿着冷空气团向上爬升，此时冷暖空气交界面(锋面)向暖空气一方倾斜，而形成暖锋。这里的"抬升"表示暖空气上升剧烈，而"爬升"表示暖空气上升相对缓慢，剧烈程度小。

图 8.1 中低压 D 的西部冷空气和低压 D 的东部暖空气发生交汇，图中线段 AB 的剖面是冷锋，线段 CD 的剖面是暖锋。同时低压和高压之间是一个鞍形场，见图 8.3，迫使图 8.1 南部高温(T_+)的等温线和北部低温(T_-)的等温线向锋面逼近，因而使锋面两边的温度差别极大。无论是冷锋还是暖锋，水汽多的暖空气被强迫抬升或爬升到高空，高空温度低，水汽容易凝结而形成降水，这就是图 1.3(b)所示的上升运动的方式。

图 8.2(a)、(b)分别是冷锋降水和暖锋降水。

在锋区内由于温度、湿度、气压和风向、风速都发生剧烈变化，因而造成天气剧烈变化。在冬季伴随着冷锋过境，西伯利亚的冷空气团南下造成大风降温，这就是所谓的寒潮。在夏季随着冷、暖空气的过境，冷空气从底下插入进去把暖空气高高地抬起来，暖空气在高空降温，水汽凝结，常形成积雨云的阵风降水和风暴。

而暖锋的暖空气团是爬到冷空气团身上拖着冷空气团走的。由于暖空气慢慢爬升降温，水汽凝结自下而上产生雨层云、高层云、卷层云、卷云，常形成连续性降水。

正是由于大气的斜压性和高、低压之间的变形场，使锋面两边的温度差特别大，水平压力梯度也特别大，见图 8.3。

图 8.3 说明，鞍形场使等温线密集，锋面附近温度梯度特别大，称为锋生；类似的，当锋面消失时，也是鞍形场使密集的等

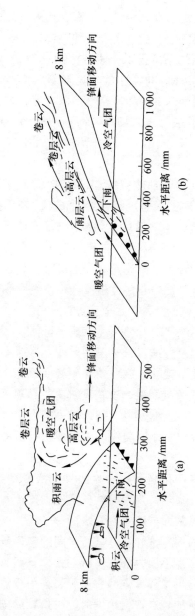

图 8.2 （a）冷锋降水和（b）暖锋降水

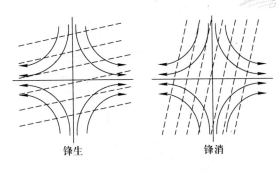

锋生　　　　　　锋消

图 8.3　鞍形场等温线在锋面密集
（虚线表示等温线）

温线散开，称为锋消。

为了说明在高空槽内冷、暖空气的交汇会使锋面两边的温差特别大，在图 8.4 所示的高空槽内，放置一个由 16 个小方块组成的温度场。为了区分温度的不同，将 8 块涂上白色，另外 8 块涂上黑色。

高空槽上方是西风，使方块上方伸长，槽中的气旋使方块中下部发生缩短变形（折叠），形状由 A 变到 B。低压的旋转又使方块扭转，这样经过"伸长→折叠→扭转"的过程后，原来正方形的温度方块就由 A 演变成 B→C→D→E。这里的形状 E 是一个锋面两边狭长的条带，两边的温度差特别大。因而 ∇T 特别大，而由斜压性造成的环流特别强。所以高空的槽脊是使冷、暖空气相会，形成中纬度降水的主要原因。

锋面两边由鞍形场造成温差特别大，使人们想起物理学中相变的临界点是鞍点，相变时各种尺度都存在关联，关联长度变成无穷大，这说明鞍形场的重要性。

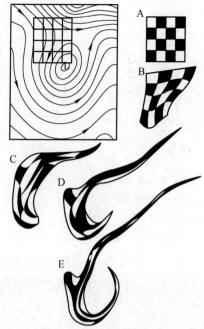

图 8.4　高空槽内的温度场

参考文献

［1］　王永生，等. 大气物理学. 北京：气象出版社，1987.

［2］　Rauber R M. Severe and Hazardous Weather, An Introduction to High Impact Meteorology. Dubuque, Iowa：Kendall/Hunt Publishing Company, 2002.

［3］　Gibilisco S. Meteorology Demystified. New York：McGraw-Hill, 2006.

全球空气是如何流动的?

空气在地球上是如何流动的? 早在 1735 年英国物理学家 Hadley 对地球上空气的运动提出了一个整体想法,当地球不旋转时,由于极地和赤道的温度差异,赤道地表的空气对流上升,在上空流向极地,而在极地则下沉,再由极地在地表流向赤道,这就在赤道和极地之间形成了一个单圈环流。即在上空,空气由赤道流向极地,在地表,空气则由极地流向赤道,见图9.1。

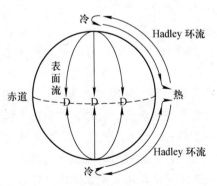

图 9.1   地球不旋转时的单圈环流

这种环流称为 Hadley 环流，也称为单圈环流。这种环流尺度达上万公里，在一般力学中是不涉及的。

按照 Hadley 单圈环流模型，赤道的热空气上升，地面水平辐合而产生低压。在极地，冷空气下沉，地面水平辐散而产生高压。这种压力差产生的水平压力梯度使两极的冷空气在地表流向赤道。因为在赤道热空气密度小，气压随高度降低得慢，而在极地冷空气密度大，气压随高度降低得快。所以到高空，赤道上空是高压，极地上空是低压，这种气压梯度使上空空气由赤道流向极地。实际上这种单圈环流很少会出现，这是什么原因呢？

因为地球是旋转的，在赤道上空由气压梯度力形成的、向北流动的空气在科氏力的作用下，不断向右偏，直到北纬 30°左右，向北流动的空气就偏成了西风，形成盛行的西风带，阻挡了赤道上空来的空气继续向北运动。空气在上空积累较多，只得在纬度 30°左右水平辐合下沉，下沉的空气按绝热过程加热，因此空气团比较干，从高空到地面整层都是下沉空气，导致地表空气向外辐散，而形成顺时针旋转的副热带高压。在北纬 30°左右，即我国东部的太平洋，这种副热带高压常见。由于高压，温度高、湿度大常带来闷热天气，撒哈拉沙漠的地区就在这个纬度带。天气预报员常说，由于受副热带高压控制，天气非常闷热。这就再一次说明科氏力使高空成西风带，以及由于辐散形成副热带高压。

纬度 30°左右的地表空气一部分向南回到赤道，这样就形成赤道和北纬 30°左右之间的第一圈环流。同时向南回到赤道的空气受科氏力的作用偏向西，形成东北信风。这时在北纬 30°左右下沉的另一部分空气在地表向北流动，在科氏力的作用下则形成西南风。在北纬 30°～60°之间形成第二圈环流，称为 Ferrel 环流，即在地表向北流，在高空向南流。在北纬 30°～60°之间的高层大气形成著名的西风带，由于南北的热交换，正像第 8 章说明的在纬度 30°～60°之间常有气旋、反气旋和锋面活动。

而北极地区地表向南流动的空气则形成东北风。第一圈环流地表的向北气流与 Ferrel 环流地表的向南气流大约在北纬 60° 汇合。在北纬 60° 汇合的上升气流，常形成副极地低压带和极地锋面。在纬度 60° 到极地之间形成第三圈环流，也称为极地环流。在 60° 左右地面空气上升到高空，然后向北流向极地，再下沉。在极地的下沉气流常形成极地高压（G）。

在赤道附近，北半球的东北信风与南半球的东南信风相遇产生热带辐合带，详见图 9.2。空气上升，常形成许许多多的单体对流泡。这是台风形成的基本条件。

这种全球整体的三圈环流见图 9.2。

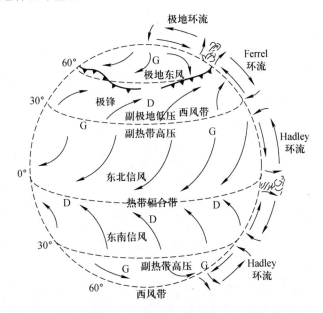

图 9.2　赤道、极地间的三圈环流

全球空气基本上就按照图 9.2 的方式不断地自西向东流动，造成今天某个地方大风、降水，明天别的地方大风、降水。

为什么实际上是三圈而不是单圈环流呢？需要用绝对角动量守恒来解释。

若地球上单位质量的空气团沿纬圈方向的相对运动速度为 u，见图 9.3，那么该单位质量的空气团的绝对角动量就是

$$A = \Omega r^2 + ur = \Omega a^2 \cos^2 \varphi + ua\cos \varphi \qquad (9.1)$$

其中 r 是空气团离地球旋转轴的距离，a 是地球半径，φ 是纬度。式 (9.1) 中右端第一项是地球自转形成的牵连速度 $\Omega r = \Omega(a\cos \varphi)$ 所产生的角动量，右端第二项是相对于地球，单位质量的空气团沿纬圈方向相对运动的速度 u 所产生的角动量。Hadley 环流原来在赤道上空，因而 $u = 0$。故在赤道 $\varphi = 0$ 处，它的绝对角动量只有式 (9.1) 右端第一项，即

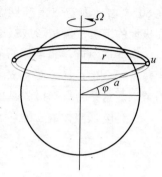

图 9.3 空气团由西向东流时的绝对角动量

$$A = \Omega a^2 \qquad (9.2)$$

那么环流到达纬度 φ 后的绝对角动量为式 (9.1) 所示。

空气团保持绝对角动量守恒得到

$$\Omega a^2 \cos^2 \varphi + ua\cos \varphi = \Omega a^2$$

因此求得

$$u = \frac{\Omega a^2 (1 - \cos^2 \varphi)}{a\cos \varphi} = \Omega a \frac{\sin^2 \varphi}{\cos \varphi} \qquad (9.3)$$

由式 (9.3) 看出，当 $\varphi = 90°$ 时，$u \to \infty$，这显然是不可能的，所以只有到达一定纬度 (约 30°)，式 (9.3) 才成立。

由单圈环流发展到三圈环流，球面上还伴有尺度数千公里的 Rossby 波的槽和脊及气旋、反气旋、副热带高压等涡旋。这个全球大气运动的图像统称为大气环流。

图 9.4 和图 9.5 分别是北半球和南半球 2010 年 1 月份的大气环流。

从图 9.4 可以看出，2010 年 1 月份我国被一个中心高达 1 035 hPa 的大冷高压控制，所以 2010 年 1 月份感觉天气非常冷。

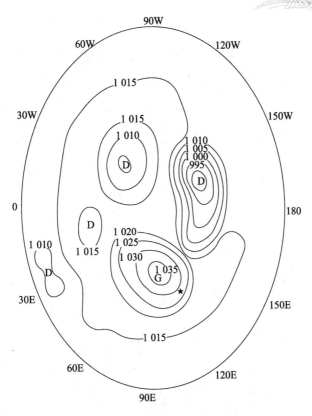

图 9.4 北半球 2010 年 1 月份的大气环流(单位:hPa)

(★表示北京的位置)

尽管全球表面的大气环流图像每天都在变化,每个月、每个季节、每年也都在变化,但一个月、一个季度,一年的平均大气环流图像一定程度上反映了气候的状况。大气环流改变着天气和气候,在第 16 章将会看到,全球表面同时刻的大气环流要遵守一种拓扑关系。

大气环流的变化归根结底还是由于包括太阳辐射在内的多种因素引起的温度的水平不均匀造成的。

图 9.5　南半球 2010 年 1 月份的大气环流（单位：hPa）

参考文献

［1］　Lutgens F K. The Atmosphere, An Introduction to Me-
teorology. New York: Pearson Prentice Hall, 2010.

［2］　Martin J E. Mid Latitude Atmospheric Dynamics, A
First Course. Chichester: John Wiley & Sons,

Inc. , 2006.

[3] 天气(探测手册). 钟玲, 译. 沈阳: 辽宁教育出版社, 2000.

[4] Frederick J E. Principles of Atmospheric Science. Boston: Jones and Bartlett Publishers, 2008.

大众
力学
丛书

10
Chapter

风暴和龙卷风是如何形成的？

第 1 章提到，浮力引起的热对流降水一般不算是猛烈的阵性降水。在大气中还经常遇到局部地区对流极为猛烈的超对流风暴单体，见图 10.1。

移动方向

图 10.1　超对流风暴单体

这种风暴单体对流极强，可达对流层顶，一个小时内使天空一片漆黑。风暴单体伴有乳房状积雨云、砧状积雨云和雨幡。风暴来临时，有极强的阵风和强降水。这种超对流风暴单体还常为龙卷风提供环境。

由于这种超对流风暴的尺度一般为 $10^0 \sim 10^1$ km，所以科氏力作用不重要，但是围绕垂直轴的水平旋转极强，所以旋转的离心力极大，造成气压梯度力和离心力相平衡。

设风暴涡旋尺寸为 r，旋转的切向速度为 v_θ，则离心力是 $-\dfrac{v_\theta^2}{r}$，它和气压梯度力 $-\dfrac{1}{\rho}\dfrac{\partial p}{\partial r}$ 平衡导得

$$\frac{v_\theta^2}{r} = \frac{1}{\rho}\frac{\partial p}{\partial r} \qquad (10.1)$$

见图 10.2。

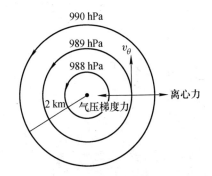

图 10.2 离心力和气压梯度力平衡的涡旋

（粗实线为等压线）

在普通力学中讨论天体运动常用到离心力，大气中半径只有数公里的涡旋，同一水平面上的压力差如此之大，却和风速极大的离心力平衡，真是罕见的事情。

例如，一个云底的超对流风暴单体的向径 $r = 2$ km，它的周期是 15 min，那么它的旋转角速度（即 15 min 旋转一周）$\omega_r = \dfrac{2\pi}{15 \times 60} = 7 \times 10^{-3}$ s^{-1}。这种旋转角速度是地球旋转角度 7×10^{-5} s^{-1} 的 100 倍，可见旋转是多么的强。

通常旋转的垂直涡度 ω_z 是旋转角速度的两倍，因此垂直涡度 ω_z 达到 $2 \times 7 \times 10^{-3}$ s^{-1}。它大约也是气旋、反气旋的旋转角速

度和垂直涡度的 100 倍。

那么按照式(10.1)可估算出这种超对流风暴的水平气压梯度是

$$\frac{\partial p}{\partial r} \sim \frac{1 \text{ hPa}}{1 \text{ km}}$$

即超对流风暴中心的气压比风暴外围低 100 ~ 200 Pa。而一般中纬度气旋的气压梯度为 $\frac{20 \text{ hPa}}{1\,000 \text{ km}}$,可见超对流单体的气压梯度比中纬度气旋大数十倍。超对流单体的垂直速度 w 高达 6 m/s,而一般大气的垂直速度只为几厘米/秒,也是强几十倍。风暴涡旋的结构图像见图 10.3。

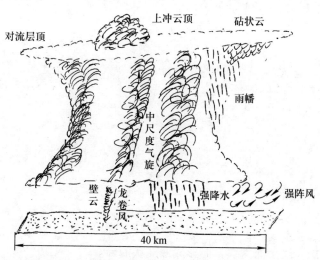

图 10.3 风暴涡旋图像

由图 10.3 可以看出,风暴很像一个柱状涡旋。尽管周围由于云体的发展,使图 10.1 的单体风暴并不像圆柱那样光滑。

从图 10.3 可以看出,风暴宽度可达 40 km,高度可达对流层顶,云体铺成砧状,并伴有乳房状云和雨幡。由于强大的上升运动,在旋转最强的地方反而使雨下不来,只是在云体的前部有雨。

在风暴云的底部常出现比超对流风暴还要强的,那就是龙卷风,其上部云体中气旋式螺旋向上的风暴也称中尺度气旋。龙卷风见图 10.4。

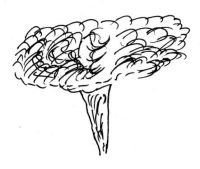

图 10.4　龙卷风

强大的龙卷风宽度可达几百米,以 50 km/h 的速度行进。在龙卷风移动过程中,所到达之处气压迅速下降,可达 20 hPa。

在龙卷风的风速达 100 m/s,那么可以估计出龙卷风的垂直涡度

$$\omega_z = 2\frac{\mathrm{d}\theta}{\mathrm{d}t} = 2\frac{v_\theta}{r} = 2 \times \frac{100 \text{ m/s}}{200 \text{ m}} = 1 \text{ s}^{-1} \quad\quad (10.2)$$

从式(10.2)可以看出,龙卷风的垂直涡度或旋转角速度又是超对流风暴的数百倍到千倍,可见龙卷风多么厉害。

龙卷风是如何形成的?较多人的看法是在积雨云底部除了辐合向上外,云底一部分云将云柱向下伸展,并旋转向下水平辐合,正像一个滑冰者夹紧手臂时旋转速度加快一样,这种伸展的涡管旋转速度非常快,而形成漏斗状的云。

图 10.5(a)显示了向下的水平辐合向下运动,图 10.5(b)显示了围绕垂直向下的 z 轴作水平旋转。这两者的结合就是云底口大、向下口越来越小的漏斗状,见图 10.5(c)。

将图 10.3 中的中尺度气旋云底下的龙卷风单独拿出来,其三维结构见图 10.6。

第 3 章说明围绕垂直轴作水平旋转的主要力量是科氏力,因

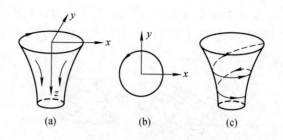

图 10.5 （a）云底水平辐合加上（b）旋转就成（c）漏斗状

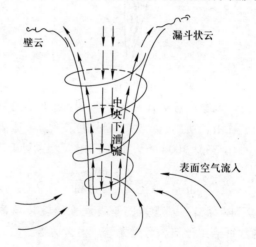

图 10.6 龙卷风的三维结构

为超单体风暴的尺寸只有几千米，所以科氏力可以不考虑。风暴是怎么围绕垂直轴做水平旋转的呢？

通常超单体风暴形成前有强烈的风随高度增加的风切变，即水平速度随高度增加，因此空气在垂直剖面上很易作旋转，其旋转轴是水平的，因此涡度就有 x 和 y 方向分量 ω_x 和 ω_y，因而形成围绕水平轴旋转的涡管，见图 10.7。

但是由于风暴中强烈的上升运动，水平旋转的空气会发生向上倾斜而形成倾斜的涡管，见图 10.8。

大众
力学
丛书

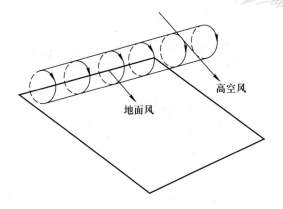

高空风

地面风

图 10.7　垂直风切变引起围绕水平轴的旋转

图 10.8　强烈上升运动使水平旋转的空气发生倾斜

也就是说,涡度带有垂直方向分量 ω_z 了,最后 ω_z 占优,风暴就完全变成一个围绕垂直轴作水平旋转的垂直柱,其高度可达 10 km,它也称为中尺度气旋,见图 10.9。

因此这种小尺度的围绕垂直轴作水平旋转的风暴是由于风切变加上强大的垂直运动而产生的。

最后云底水平辐合导致垂直柱向下伸展而成漏斗状的龙卷风。

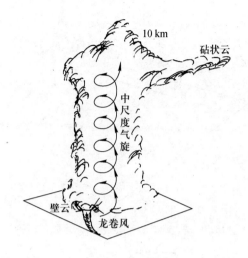

图 10.9　围绕垂直轴作水平旋转的垂直柱

　　有时强烈的上升运动到达高空后，会遇到强大的水平方向的风，见图 10.8 所示的倾斜涡管，被迫"倒挂"，从云底慢慢向下垂，而形成左龙卷和右龙卷，见图 10.10。

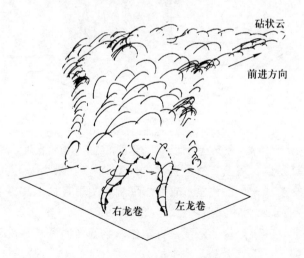

图 10.10　左龙卷和右龙卷

当龙卷风和它的母体风暴一同行进时，能把地面上的树木、汽车、房屋等卷起抛向空中，造成极大的破坏。在海洋中也会发生像陆地上龙卷风一样的风暴，此时称为水龙卷。

尺度在 $10^0 \sim 10^1$ km 的超单体风暴，由于其尺度小，科氏力不重要，此时离心力和气压梯度力都很大。

从上面分析可以看出，风暴和龙卷风是在强大的热对流及高空风和下层风之间的垂直切变共同作用下形成的。

参考文献

［1］ Frederick J E. Principles of Atmospheric Science. Boston：Jones and Bartlett Publishers, 2008.

［2］ 刘式达，刘式适. 大气涡旋动力学. 北京：气象出版社，2011.

［3］ Ahrens C D. Meteorology Today, An Introduction to Weather Climate, and the Environment. Belmont, CA：Brooks/Cole Cengage Learning, 2009.

［4］ Rauber R M. Severe and Hazardous Weather, An Introduction to High Impact Meteorology. Dubuque, Lowa：Kendall/Hunt Publishing Company, 2002.

大气中的角动量守恒定律

——位涡守恒

若一个大气中旋转的空气团的质量为 m，它的旋转切向速度为 v，空气团离旋转轴的距离为 r，那么这个空气团的角动量就是

$$A = mvr \qquad (11.1)$$

又因旋转切向速度 $v = \omega r$，其中 ω 是旋转角速度，所以角动量也可写成

$$A = m\omega r^2 \qquad (11.2)$$

其中 mr^2 称为转动惯量。第 9 章已经提及了沿纬圈方向的角动量守恒定律。

在力学中人们早已熟悉角动量守恒定律，即若没有转矩作用在旋转的物体上，那么旋转角速度 ω 和转动惯量 mr^2 的乘积是常数。以一个花样滑冰运动员为例，当他伸开两臂，一腿前蹲在冰上作旋转表演时，会突然将臂和腿收缩，并站立起来，这时旋转的速度就会加快，这个现象的力学原理就是角动量守恒。而转动惯量是与质量如何分布有关的。如果质量离旋转轴较远，例如滑冰运动员将两臂伸开，压扁身体，则转动惯量较大，那么它的旋转角速度就小，见图 11.1(b)。如果质量离旋转轴较近，例如滑

冰运动员将臂和腿收缩，身体站立，则转动惯量就小，因而旋转角速度就加大，见图11.1(a)。

(a)　　　　(b)

图11.1　角动量守恒和花样滑冰运动员

在旋转的地球上，大气也有类似的原理。此时大气中的旋转角速度就是绝对垂直涡度，而转动惯量就相当于大气天气系统（如气旋）的伸展高度的倒数。伸展高度大，见图11.1(a)，转动惯量就小，旋转角速度就大。若地势比较高，它伸展的高度就小，若地势比较低（如平原），它伸展的高度就大。

以气旋系统为例，若气旋的高度增加，那么它的旋转角速度就增加；若气旋的高度减小，那么它的旋转角速度也减小。

所以，类似于力学中的角动量守恒定律，气象学家得出如下结论：围绕垂直轴旋转的涡度 ω_a 除以气旋高度 H 的商为常数，即

$$\frac{\omega_a}{H} = \text{const.} \qquad (11.3)$$

大众
力学
丛书

气旋的旋转由两部分组成：一部分是相对于地面旋转，主要是涡度的垂直分量 ω_z，称为相对涡度；另一部分是由于地球的旋转，它还有牵连涡度，按照图 3.2，这种旋转的垂直分量 $f = 2\Omega\sin\varphi$，所以式（11.3）应写为

$$\frac{f + \omega_z}{H} = \text{const.} \qquad (11.4)$$

其中 f 是牵连涡度，ω_z 是相对涡度（因为围绕垂直轴旋转，所以只有 ω_z）。f 和 ω_z 之和称为绝对涡度，式（11.4）的左边称为位涡度。

因此式（11.4）就称为位涡度守恒定律，它就是力学中的角动量守恒定律在气象学上的体现，也是第 7 章中绝对涡度守恒定律的普遍化。式（11.4）说明绝对涡度在运动过程中可以变化，但是它的变化要正比于系统伸展的高度 H。因为涡旋系统在大气行进中，系统要按照绝热过程进行，因此系统的上面边界和下面边界都是一个物质面，见图 11.2（a）中的虚线，系统是沿着物质面而运动的。如图 11.2（b）所示，圆柱上方的 A 点沿绝热过程上升到 A' 点，圆柱下方的 B 点沿绝热过程下沉到 B' 点，那么圆柱的高度则由 AB 变成 $A'B'$。因此位涡守恒定律是系统运动的动力学，它也是度量垂直运动的标记。

就是这个位涡守恒定律，将气旋和高空的 Rossby 波联系了起来，因为高空的槽前是地面的气旋。

高空气流槽后是西北气流，它就引导地面的气旋向东南行进；槽前若是西南气流，它就引导气旋向东北方向行进。

因此原来在我国西北地区高原上的气旋，由于 H 小，它的旋转速度也慢，但按西北风引导气流到了长江平原地区，那么它就有比较大的伸长高度，气旋的旋转涡度 ω_z（即相对涡度）就加大，因而气旋强度迅速加强。图 11.3 显示了从高原向平原行进使气旋强度加大的示意图。

地球大气层的上层和下层是一个整体，除了位涡守恒定律可

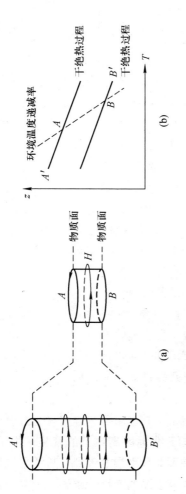

图 11.2　（a）气旋的高度和旋转角速度及（b）圆柱的上下面沿干绝热过程运动的情况

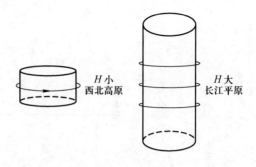

图 11.3　气旋从高原向平原行进时，气旋强度加大

以使气旋加强旋转以外，高空气流的辐散加快使上层空气很快流出，即空气流出得多造成空气的重量减小，也会使气旋的低压加强，且旋转速度加快。

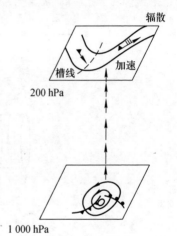

图 11.4　气旋上空的气流辐散导致气旋的发展

通常高层辐散的方式有两种：一种是如图 11.4 所示高空槽前的流线散开，即辐散；另一种是上空的西风气流加速。由槽后的较小风速加速到槽前的较大风速，见图 11.4。

气旋的伸长以及上层空气的迅速辐散造成气旋涡度增加。这种因素的联合作用示意图见图 11.5。

大气中的角动量守恒定律已有许多应用，第 10 章谈到的龙卷风，在中尺度气旋的风暴云中，云底的壁云向下伸展时，涡管伸长（即 H 加大），因而旋转速度加快，这就是龙卷风有强烈的旋风的原因。

在第 9 章提到的大气环流中，在赤道上空的对流层顶空气向北流动，在空气团向北移动过程中，空气团离地球转轴的距离由 r_1 减小到 r_2，见图 11.6。

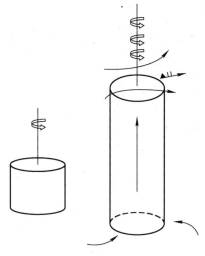
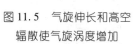

图 11.5 气旋伸长和高空
辐散使气旋涡度增加

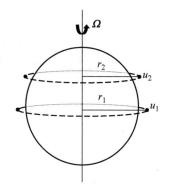

图 11.6 对流层顶向北
移动过程中 r 减小，
西风风速增加

因此要维持角动量守恒，那么其西风的速度 u 就要增加，而易形成急流。

水平速度的辐合、辐散也会使 H 伸长，例如在第 12 章的台风，海洋上的雨云带引起台风强烈的上升运动，那么对流层上层的空气就由台风周围向下到达地面，空气将在地面辐合到台风中心，使台风加强。

水平辐合 $D < 0$ 常使旋转的气柱高度增高，那么绝对涡度 $(f + \omega_z)$ 加大，若 f 不变，因而气旋性旋转涡度 ω_z 加大，旋转速度加快，见图 11.7 。反之，水平辐散 $D > 0$ 使旋转的气柱高度降低，反而使旋转速度减慢，甚至变成反气旋性旋转涡度，见图 11.8。

水平辐合 $D < 0$ 常使气旋性旋转涡度（$\omega_z > 0$）加大，水平辐散 $D > 0$，甚至变成反气旋性旋转涡度（$\omega_z < 0$）。这就是在气象上常说的水平散度 D 和垂直涡度 ω_z 符号相反的道理，详见第 5 章。

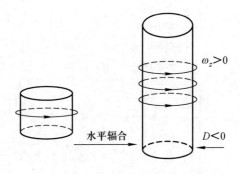

图 11.7　水平辐合使气旋性旋转涡度加大

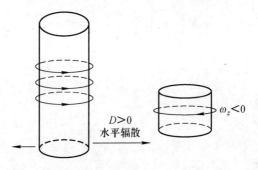

图 11.8　水平辐散使气团变成反气旋性旋转涡度

　　大气的角动量守恒定律和气旋的高度相联系，从质量守恒定律可知，地面的辐散、辐合也和气旋相联系，因而气旋的旋转强度和其高度及水平辐散、辐合有很大关系。

参考文献

　　[1]　王永生，等. 大气物理学. 北京：气象出版社，1987.

　　[2]　赵凯华，罗蔚茵. 力学. 北京：高等教育出版

社，1995.

[3] Bluestein H B. Synoptic-Meteorology in Mid-Latitudes. Vol : Principles of Kinematics and Dynamics. New York: Oxford University Press, 1992.

大众
力学
丛书

12
Chapter

台风为什么会带来暴风骤雨，为什么有台风眼？

在热带一种巨大的气旋风暴就是台风，也称为飓风，它的尺寸有数百公里，几乎是龙卷风的千倍大。台风会带来暴风骤雨，造成巨大的灾害，这也是众所周知的。虽然它只有中纬度气旋的三分之一大，但是它的水平压力梯度却是气旋的两倍，其风力达到 200 km/h，但和中纬度气旋不同，台风并不伴有锋面。

那么一般的气旋(低压)和热带低压的台风在结构上有什么差别呢？

对一般中纬度气旋、反气旋而言，多数低压中心是热的，即热低压。由于低压中心热，因而密度小，气压随高度下降比低压中心以外的地方慢。因而到达高空后，低压中心的密度变成比周围气压高，因此就由地面水平辐合的低压演变到高空水平辐散的高压，表现为高空槽的前面气流由窄变宽，见图 12.1 。同理，对多数反气旋的高压中心，它们是冷高压中心。由于中心比周围冷，因而密度大，从而冷高压中心气压随高度降低得比周围快，到一定高度后，地面的冷高压中心就演变成比周围低的低压，表现为高空脊后的流线由宽变窄，空气水平辐合，见图 12.1 。

所以高空槽前的位置是地面的低压，高空脊前的位置是地面

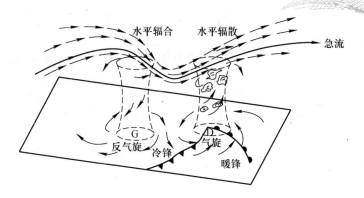

图 12.1　中纬度气旋、反气旋的三维结构

的高压。

　　伴有锋面的气旋，也可以看成气旋中心的一部分是由冷空气控制，对于冷低压中心，冷空气密度大，因而气压随高度增加降低得快，到 300 hPa 变成低压槽，只是槽前是地面低压，参看图 7.4。

　　而台风则不一样，它不是由于大气的斜压性造成气旋内锋面形成的降雨，而是大洋中暖水提供充分的水汽资源形成大量的积雨云带，凝结潜热释放，向台风提供充足的能量（感热和潜热），见图 12.2。

图 12.2　台风的雨带分布示意图

这些强对流的雨带由弱的上升气流，甚至下沉气流分开，但整体上讲，由于洋面温度高，又有强对流雨带的支撑，使台风由下到上充满上升运动。按照式（10.1）所示，由于旋转速度极强，因而压力梯度极大，热带气旋的中心气压极低，对流极强。中心一般是暖中心，密度小，因而中心气压随高度增加减小较慢，所以整个台风从底层到高层均是低压。只在对流云顶，台风中心是一个弱的高压，气流向外辐散，而台风中心的台风眼有下沉气流。而中纬度气旋中心都是上升运动。图 12.3 是热带台风的剖面。

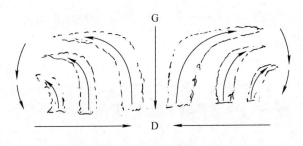

图 12.3　台风的剖面

台风生成在洋面上，水汽充足，有强烈的上升运动，所以台风降水是暖和的洋面和雨带的潜热释放而强迫空气上升产生的降水，因而降水量极大。同时，强大深厚（可达对流层顶）的低压，且逆时针旋转的风速极大，所以常出现 12 级左右的大风。所以说台风会带来暴风骤雨。

数百千米的台风最显著的特点是台风中心有一个大约 30 km 的台风眼，眼内天气晴朗，风很小，并伴有下沉气流。而中纬度气旋没有像台风眼的东西，中心都是上升气流。理论上讲，若和龙卷风一样，台风仅由离心力和气压梯度力相平衡的式（10.1）来说明，台风中心风速应该为零，因为按照式（10.1）所示，只有 $r=0$ 时，$v_\theta=0$ 才能保证气压梯度为一个定值。那么就不会有台风眼。实际上台风眼壁附近强烈的辐合上升，必然在眼内有一个小的下沉气流来补偿，所以不考虑科氏力，而仅有离心力和气压梯度力相平衡来描述台风是不合适的，参看图 12.3。

台风还有一个特点是雨带为螺旋状，根据第 4 章的分析，是受到正阻尼(即水平辐合)的结果。

关于台风形成的问题是非常有趣的，为什么飓风总是出现在太平洋或大西洋的西部？为什么台风出现的时间是夏末或早秋？一般的看法是此时太平洋西部的海水温度高于 27 ℃，且有较深(几十米)的海洋表面层，该地区有极好的不稳定条件，夏末或早秋时间，海水的温度最高。该层形成了大量的雨带，由于水汽凝结潜热释放来供给台风能量。它不像中纬度气旋是由南北温度差的径向温度梯度而驱动的。

我们知道，在赤道上是没有科氏力的，但是台风形成还离不开科氏力，它不但使台风旋转，而且也会防止台风中心气压过低。所以台风出现在纬度 5°～20°之间。

关于台风场的三维结构，也不像中纬度气旋、反气旋。台风从地面到对流层顶，整层都是围绕台风眼逆时针旋转，直到对流层顶，中心则是弱小的高压，边缘的空气才向外辐散，见图 12.4。

从物理上考虑，中纬度气旋、反气旋主要有水平辐合、辐散。但是台风整层都是旋转上升运动，水平辐合、辐散不显著。在台风中科氏力要考虑，它和离心力同样是使台风作水平旋转的力。

台风为什么是低压系统？台风中心为什么会出现一个下沉气流的台风眼呢？在极坐标 (r, θ) 中，将台风看成是一个轴对称的圆柱，现在考虑科氏力，则在 r 方向考虑气压梯度力和离心力、科氏力的合力相平衡，见图 12.5。

即

$$\frac{v_\theta^2}{r} + f v_\theta = v_\theta \left(f + \frac{v_\theta}{r} \right) = \frac{1}{\rho} \frac{\partial p}{\partial r} \tag{12.1}$$

大众
力学
丛书

图 12.4 台风的三维流场结构

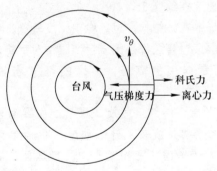

图 12.5 气压梯度力、离心力、科氏力相平衡

其中 $v_\theta = \dfrac{\mathrm{d}\theta}{\mathrm{d}t}$，左边第一项是离心力，左边第二项是科氏力，右边是气压梯度力。由式（12.1）可以看出，在北半球 $f = 2\Omega\sin\varphi > 0$，同时逆时针旋转的台风 $v_\theta > 0$，所以 $\dfrac{\partial p}{\partial r} > 0$，因而中心是低压。这是整个对流层低层台风的状况。若顺时针旋转 $v_\theta < 0$，且

$\left(f + \dfrac{v_\theta}{r}\right) > 0$，则 $\dfrac{\partial p}{\partial r} < 0$，则中心是高压，这仅仅是对流层顶部台风中心是弱高压的情况。因此用三力平衡可以解释台风整层几乎都是低压，仅在对流层顶是一个弱高压的原因。

对围绕垂直轴 z 旋转的台风而言，单位质量空气团的切向速度为 v_θ，那么它的相对角动量就是 $v_\theta r$，由于地球旋转的牵连涡度为 f，前面说过涡度是旋转角速度的两倍，所以牵连旋转角速度就是 $\dfrac{f}{2}$，牵连速度就是 $\dfrac{fr}{2}$。所以单位质量空气团的绝对角动量就为（参看第 11 章）

$$A = r\left(v_\theta + \frac{1}{2}fr\right)$$

台风的运动要服从绝对角动量守恒定律，即

$$A = r\left(v_\theta + \frac{f}{2}r\right) = \text{const.} \tag{12.2}$$

当周围空气向台风中心辐合时，r 减小，那么按式（12.2）推断 v_θ 将增加，即旋转角速度增加，而当 $r \to 0$，$v_\theta \to \infty$，才能保证 A 为常数。$v_\theta \to \infty$，这显然是不合理的，因此存在一个最小半径 $r_{\min}$，它使台风切向速度最大，即

$$v_r = 0,\ \ v_\theta \to v_{\theta,\max} \ \ \ (r \to r_{\min})$$

这里的 $r_{\min}$ 就是台风眼的半径。在台风眼壁上，径向速度 v_r 为零，切向速度 v_θ 最大。

因此，台风周围地表水平辐合的空气沿台风眼壁旋转向上，到对流层上层，一部分在眼壁外水平辐散向外，另一部分进入台风眼向下运动。这就是台风存在台风眼的原因。

中纬度气旋和台风都是低压系统，但由于两者尺度不同，所受力的状况不同。前者科氏力重要，后者离心力和科氏力都重要。这样就再一次用角动量守恒定律解释了存在台风眼的原因。

从这里分析得知，对气旋、反气旋可以用气压梯度力和科氏力平衡来分析；对风暴、龙卷风，可以用离心力和气压梯度力平

衡来分析；对台风，则要用离心力、气压梯度力和科氏力平衡来解释。

参考文献

[1] Kugt H J. Vortex Flow in Nature and Technology. New York：John Wiley & Sons, Inc., 1938.

[2] Gibilisco S. Meteorology Demystified. New York：McGraw- Hill, 2006.

[3] 刘式适，刘式达. 大气动力学. 2 版. 北京：北京大学出版社，2011.

[4] 刘式达，刘式适. 大气涡旋动力学. 北京：气象出版社，2011.

为什么有积雨云就会下大雨?

夏天当地面被太阳加热,水被蒸发,热对流上升运动使水汽凝结,就会形成对流云系。

通常由热对流产生的云有淡积云、浓积云和积雨云。图13.1 显示的是淡积云的形成。

图 13.1　淡积云的形成

夏天的时候,太阳照射地面,使地面温度骤增,形成的温度递减率非常大，由于浮力而造成对流，对流上升运动使水汽凝结形成积云，详见第 1 章。

当对流不太强时，地面受热不均匀，因而高空中常形成一朵朵的淡积云，好像悬浮在蓝天中，有时还会随风飘逸。形成淡积云的例子是电站冷却塔冒出热空气，在电站的下风方向会形成一朵朵云顶堆状的淡积云，见图 13.1。但是当地面温度和上面空气温度之差进一步加大时，淡积云中的一部分就会发展为浓积云。此时云顶呈花椰菜隆起，轮廓清楚，云内部是上升气流，云下有空气辐合进入云内，提供大量的潮湿空气，上升气流使水汽凝结，云顶附近产生冰晶，水汽相变放出大量潜热，使云内温度高于环境温度，上升运动进一步加强，见图 13.2（a）。当对流进一步加强时，浓积云就可能发展成积雨云，云顶发展很高，可达到 10 km 以上，顶部冰晶化，在对流层顶阻挡和高空风的作用下，云顶呈砧状，形成较强降水并伴有雷雨大风，见图 13.2（b）。也就是说，形成积雨云造成下雨的过程是淡积云→浓积云→积雨云。

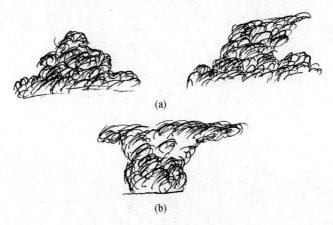

(a)

(b)

图 13.2 （a）浓积云和（b）积雨云

从力学上考虑，从第 1 章可以知道，热对流是由下层空气和上层空气的温度差 $\Delta T = T_{下层} - T_{上层}$ 引起的浮力而形成的。另外，

由于空气有黏性, 且有热扩散, 因此为了描述这种热对流, 力学家 Rayleigh 引进了一个无因次控制参数:

$$R_a = \frac{F_b}{F_v \varepsilon} \qquad (13.1)$$

其中, R_a 称为瑞利 (Rayleigh) 数, F_b 为浮力, F_v 为黏性力, ε 为热扩散率。

因此能形成雷雨的积雨云的形成过程可以描述为, 当 R_a 或 ΔT 比较小时, 空气处在静止状态。当 R_a 较大时, 浮力超过黏滞力, 即 $R_a > 1$, 那么静止状态就转变成对流状态, 形成淡积云。这种控制参数变化而造成的状态变化, 称为分岔。当温度差 ΔT 再加大时, 即 R_a 超过一个临界值 $(R_a)_{c_1}$, 状态发生又一次分岔, 淡积云变成浓积云。当温度差 ΔT 进一步加大时, 即 R_a 超过另一个临界值 $(R_a)_{c_2}$, 状态发生又一次分岔, 浓积云变成积雨云。这种分岔过程见图 13.3。

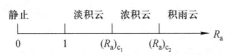

图 13.3　积雨云形成的分岔过程

这个过程给人们两点启示:

① 积雨云形成的过程是由静止到淡积云, 到浓积云, 再到积雨云, 积云下雨的过程是一步一步由状态分岔形成的。

② 温度差 ΔT 或 R_a 是控制状态变化的参数。但是, 还应该看到, 当对流起来以后, 下面热的空气上升, 上面冷的空气必然要下沉, 就形成了围绕水平轴的对流涡旋, 见图 13.4。

这里"对流", 绝不是向上的"单向流"。对流的结果必然使上、下层产生热交换或热量

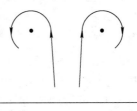

图 13.4　对流涡旋

输送，结果反而使上、下层的温度差 ΔT 减小。也就是说，温度差 ΔT 形成对流，反过来对流形成后又影响造成对流的温度差。这说明事物都是相互制约、相互影响的。下面研究非线性的问题，这样的相互制约、相互影响正是非线性的实质。

1963 年著名气象学家 E. N. Lorenz 使用了包含有 R_a、垂直运动 w 以及垂直运动 w 和温度 T 的乘积 wT（代表温度的垂直通量）的微分方程，模拟出热对流分岔过程，得到图 13.3 中的参数值为 $(R_a)_{c_1} = 13.93$，$(R_a)_{c_2} = 24.74$。

也就是说，当 $R_a = 1$ 时，空气由静止状态转变成对流状态（淡积云）。当 $R_a > 13.93$ 时，对流状态变成较强的对流状态（浓积云），当 $R_a > 24.74$ 时，就变成了积雨云。

当时 Lorenz 把 $R_a > 24.74$ 的状态称为"确定性非周期状态"，也就是今天常说的混沌（chaos）状态。因为方程是确定性的，无随机项，而出现的结果却是非周期的混沌状态。这是历史上第一次发现确定性系统也会有不确定性的随机结果的重大发现，是一个开创性的科学成就。

从热对流的角度看，这种混沌状态就是表示在积雨云中的"湍流"状态，从物理上讲，就是浮力（热对流的驱动力）和耗散力相互竞争的结果。热对流形成涡旋，被上上下下的垂直运动所撕裂，形成无数个大大小小的湍流涡旋。它们不断在积雨云中碰撞，使小水滴变成大的水滴，形成比较大的阵性降水。

由上面看来，积雨云中正是由于湍流才使下雨变成暴雨的重要因素，飞机要躲避积雨云，也正是由于积雨云中有强烈的湍流这个原因。

有意思的是，积雨云下了大雨，就把驱动因素和耗散因素这个矛盾解决了，但是会不会出现反过程，由积雨云→浓积云→淡积云呢？

也用 Lorenz 方程作了试验，发现从 $R_a = 28$ 开始，经过多次相互作用以后，R_a 仍保持大于 24.74 的状态，它表示还处在下大雨的积雨云阶段。但是当 $R_a = 26$ 以后，突然就由 $R_a = 26$ 变成 $R_a = 12$，它表示下雨以后，突然对流阶段消失，形成荚状高积云，见图 13.5。

图 13.5 荚状高积云

所以 R_a 减小的过程，可以描述为积雨云（$R_a > 24.74$）→ 对流状态消失。

从正过程"淡积云→浓积云→积雨云"和反过程"积雨云→对流状态消失"看出，正过程和反过程不同，反过程是一个突变的过程，这也是非线性现象的特征。正像人们感冒很快就会发烧，但是服用过药物以后可能要经过很多天才能痊愈一样。

总之，热对流的过程是一个相互作用、相互制约的过程，要降大雨，必然积云中要有湍流。

参考文献

[1] 刘式达. 从蝴蝶效应谈起. 长沙：湖南教育出版社，1994.

[2] 刘式达，梁福明，刘式适，辛国君. 自然科学中混沌和分形. 北京：北京大学出版社，2003.

[3] 刘式达，刘式适. 大气涡旋动力学. 北京：气象出版社，2011.

丰富多彩的大气三维螺旋运动

螺旋运动在自然界中是非常普遍的，在大气中更是丰富多彩。前面已经提到气旋、反气旋、龙卷风、台风等涡旋，它们在大气中的运动是三维的，也表现为螺旋形式。

第 12 章提及的台风是一个柱螺旋，见图 14.1。

从物理学上讲，由于低纬度海洋上的若干个雨带，丰富的能量提供非常强的上升运动，造成台风整层的逆时针旋转运动。而在纬度 30° 左右 Hadley 环流和 Ferrel 环流交汇处，是下沉气流所形成的副热带高压，它是由于三圈环流在高空被阻挡后，强烈下沉运动造成的整层顺时针运动的柱螺旋，见图 14.2。这里的柱不是圆柱，更大可能是椭圆形的柱。

这两种柱螺旋整层的水平辐合、辐散较小，只有底层和最上层辐散、辐合较大。

而中纬度气旋和反气旋的三维结构

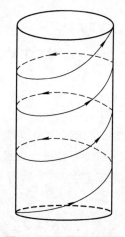

图 14.1　台风的柱螺旋

就不一样了。对气旋来讲，由于地面水平螺旋向内辐合，$D < 0$，它表示水平方向空气流进来的多、流出去的少，而造成上升运动速度 $w > 0$，将多余的空气向上流，以保持质量守恒。所以地面到大气中层是一个锥螺旋。由于地面上 $w = 0$ 而到达大气中层时，垂直运动速度 w 达到最大，因而 $\dfrac{\partial w}{\partial z} = 0$。它意味着在大气中层 $w_{上} - w_{下} = 0$，也就是在垂直方向上，空气流出去的等于流进来的。为了保持质量守恒，水平方向也

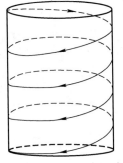

图 14.2 副热带高压的柱螺旋

就无须空气流入流出，即 $D = 0$。即在大气的中层(例如 500 hPa)形成没有速度水平辐散、辐合的一层，它称为无辐散辐合层。再由中层向上，上升运动减小，直到对流层顶 $w = 0$，所以 500 hPa 以上 $\dfrac{\partial w}{\partial z} < 0$，它表示 $w_{上} - w_{下} < 0$，即在垂直方向上空气流进来的多于流出去的。为了保持质量守恒，水平方向要流出去的多，因而 $D > 0$，就变成水平辐散了，又变成顺时针旋转的形式，是一个倒过来的锥螺旋，见图 14.3 中的从 500 hPa 到大气上界这一层。

由地面到中层 500 hPa 这一部分，由于 $D < 0$，表示面积的变化率减小，因而逆时针旋转的表面是一个水平面积不断减小的锥面，因而运动是沿锥面的螺旋线上升的。从水平面上看，由于是螺旋进去的，所以气旋的地面中心是稳定焦点。但是从三维看，水平辐合不能进入焦点，它要上升离开地面焦点，像在平面上受到负恢复力作用的空气一样，它虽然有一个方向进去[见图 1.7(b)]，但还有一个方向出去，最后还是不能进入鞍点。此时地面上的气旋中心点在三维空间上看是鞍焦点，见图 14.4(a)。它表示空气水平方向流进来，垂直方向流出去。

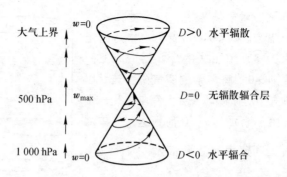

图 14.3　气旋的三维锥螺旋

　　而从 500 hPa 到大气上层这一部分，由于垂直上升运动速度 w 不断减小，而速度水平辐合、辐散 D，则是由 $D=0$ 到 $D>0$，面积变化率增加，这一部分的运动则是一个在倒锥面上的顺时针螺旋出去的螺旋。

　　在大气上界，这时上升运动并不能进入顺时针螺旋向外的焦点。这时虽然上升运动是"进去"方向，但螺旋向外，最终还是要出去。所以大气上界的反气旋的中心点，从三维空间上说仍称为鞍焦点，见图 14.4(b)，它表示垂直方向空气流进来，而水平方向空气螺旋流出去。

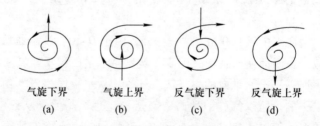

气旋下界　　气旋上界　　反气旋下界　　反气旋上界
(a)　　　　(b)　　　　(c)　　　　(d)

图 14.4　各种鞍焦点

　　对地面的反气旋，它是顺时针向外辐散，$D>0$，造成下沉运动。从中层 500 hPa 到地面，下沉运动速度 w 由在中层最大不断减小直到地面 $w=0$，即辐散由中层的 $D=0$，向下水平辐散不

断增加 $D > 0$，此时是向下的水平面积不断增加的在锥面上的螺旋运动，见图 14.5 中从地面到 500 hPa 这一部分。它表示垂直方向上，空气由上到下垂直流进来，而在水平方向上再流出去。因而地表反气旋的中心仍是鞍焦点，见图 14.4(c)。

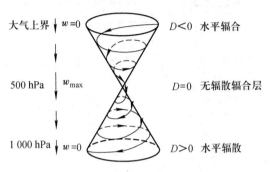

图 14.5　反气旋的三维锥螺旋

同样由大气上界到中层，由水平辐合 $D < 0$ 到无辐散辐合层 $D = 0$，是面积不断减小的倒锥面上的螺旋运动。和上面讨论类似，此时大气上界的奇点仍称为鞍焦点，见图 14.4(d)。空气水平方向螺旋进来，垂直方向向下流出去。图 14.4 的 4 种情况都是流场，有进去的，也有出去的，可以有螺旋进去的，也可以有螺旋出去的。无论什么情况它们都是由质量守恒定律决定的。

有意思的是，大气最主要的涡旋——气旋、反气旋、台风、副热带高压，不是圆柱面就是圆锥面的三维螺旋结构。而圆柱面或圆锥面上的螺旋线正是这些面上任意两点 A 和 B 的最短连线。只要将圆柱面和圆锥面铺展成平面就会立即明白，见图 14.6 和图 14.7。

这个古老力学中"曲面上的最短连线"问题却在大气中有明显表现。

至于龙卷风的漏斗云状的曲面倒也很像悬链面的上部分，见图 14.8。

从几何上可知，悬链面是一种最小曲面(表面积极小)。

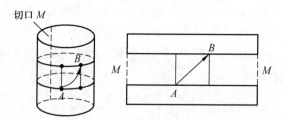

图 14.6　圆柱面上两点之间的最短连线是螺旋线

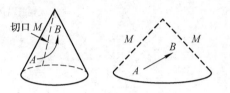

图 14.7　圆锥面上两点之间的最短连线是螺旋线

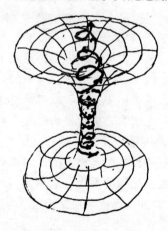

图 14.8　悬链面上的螺旋

　　由此看来，自然界中的运动方式还是以最经济的最短行程或最小曲面进行。

　　大气运动是三维的，常出现螺旋形式的结构（斑图）。大气运动的形态美妙且复杂。

参考文献

［1］ 刘峰，刘式达，刘刚，刘式适. Lorenz 方程中两种尺度的相互作用. 物理学报，2007，56(10)：5629 – 5634.

［2］ 刘式达，梁福明，刘式适，辛国君. 大气湍流. 北京：北京大学出版社，2008.

［3］ 刘式达，梁福明，刘式适，辛国君. 自然科学中的混沌和分形. 北京：北京大学出版社，1991.

［4］ 库比切克. 分岔理论和耗散结构的计算方法. 刘式达，刘式适，译. 北京：科学出版社，1990.

15 Chapter
"杂乱无章"的大气湍流为什么还会有对称性?

在力学中常提到对称性,例如平移对称性、转动对称性。什么是对称性呢?如果一个操作(或变换)使体系从一个状态变换到另一个与之等价的状态,或者说,状态在此操作(或变换)下不变,就认为这个体系对于这个操作(或变换)是对称的。例如,图 15.1 所示的一个圆,对于围绕中心旋转任意角度的操作来说都是对称的。相对论中著名的 Lorentz 变换可以保证光速的不变性。

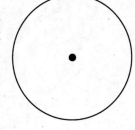

图 15.1　旋转对称性

但是对于标度对称性,很多读者就不太熟悉了。力学中从质点动力学开始,常把运动的物体看成是一个点。但是遇到湍流这个问题时,虽然从字面上看,湍流似乎就是杂乱无章的运动,但是从尺度上讲,湍流是由大大小小不同尺度的涡旋所组成的。大气涡旋大的高达数千千米(例如气旋、反气旋),小的仅有数毫米(例如气旋内的积雨云中的小涡旋云滴),其尺度差高达 9 个量级,因此怎么说它是"质点"呢?湍流具有标度对称性吗?若尺度作一个变换,什么量具有不变性? 湍流是怎么产生的?

所谓湍流功率谱, 即在波数 k 空间上看 $\left(k\right.$ 和尺寸 l 的量纲互为倒数, $k \sim \dfrac{1}{l}\right)$, 或者在频率 f 空间上看 $\left(\right.$频率 f 和时间 t 的量纲互为倒数, $f \sim \dfrac{1}{t}\right)$, 它的意义是单位波数或单位频率的湍流动能, 可以写为 $s(k)$ 或 $s(f)$。$s(f)$ 的量纲是 $\dfrac{\mathrm{m}^2/\mathrm{s}^2}{1/\mathrm{s}} = \mathrm{m}^2/\mathrm{s}$, $s(k)$ 的量纲是 $\dfrac{\mathrm{m}^2/\mathrm{s}^2}{1/\mathrm{m}} = \mathrm{m}^3/\mathrm{s}^2$。通常将一个状态(例如速度场 $u(t)$ 的时间序列)作傅里叶变换, 变换到频率 f 空间后, 其傅里叶变换系数的模的平方就是单位频率的能量——功率谱。也就是说, $s(f)$ 是随着频率 f 而变化的。

为了说明, 将定常状态、周期状态、拟周期状态、混沌状态的相空间轨道和所对应的时间序列及其功率谱列出, 见图 15.2。

对图 15.2 说明如下:

① 对于定常状态, 从相空间上看它是焦点, 从时间序列上看, 是振荡衰减到零, 到达零以后, 就永远是零。所以它们的功率谱对任何频率(或周期 T)来说都是常数, 即
$$s(f) \sim f^0$$
它是一个平谱, 表示各种频率的能量都相同。

② 对于周期状态, 它在相空间(这里是三维相空间)上是一条闭合曲线, 由于只有一个周期 T, 所以在频率 f 空间上看, 它的功率谱就只在 $\dfrac{1}{T}$ 上有能量, 所以它的功率谱为
$$s(f) = \text{const.} \cdot \frac{1}{T}$$
即它是一个线谱, 仅在 $f = \dfrac{1}{T}$ 处有一根线。

若在周期 1 状态上叠加一个周期比较短的状态, 此时在相空

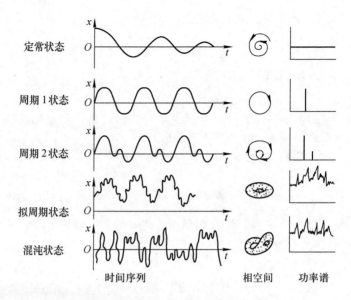

定常状态

周期 1 状态

周期 2 状态

拟周期状态

混沌状态

时间序列　　　　相空间　　功率谱

图 15.2　相空间轨道、时间序列及功率谱

间图（三维空间）上它就是一个周期 2 状态，它在三维相空间中好像绕了两圈，但是轨道是不能相交的。在功率谱上看，它只有在两个频率上有贡献，即功率谱是两条线，这种类型称为离散谱。

例如，图 15.3 表明的时间序列是周期为 T、$\dfrac{T}{2}$、$\dfrac{T}{3}$ 三个信号所叠加的信号，它的功率谱就是在 $\dfrac{1}{T}$ 上加上它的整数倍的倍频率 $\dfrac{2}{T}$、$\dfrac{3}{T}$ 上各有的一条线的线谱。

对于二维环面上的拟周期状态，即在环面上自转的频率 f_1 和公转的频率之比 $\dfrac{f_1}{f_2}$ 不是有理数。若是有理数，那么轨道就要头尾相接成了周期解。$\dfrac{f_1}{f_2}$ 为无理数时，轨道就布满整个环面。从相空间上看，它在三维相空间上是一个环面；从时间序列上看，它是

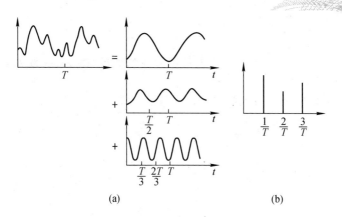

(a)   (b)

图 15.3 （a）周期为 T、$\dfrac{T}{2}$、$\dfrac{T}{3}$ 的叠加信号及（b）其功率谱

一个各种频率都有的、看起来有周期但实际上并无周期的时间序列，称为拟周期状态。所以它的功率谱是一个带有多尖峰的连续谱。

对于混沌状态，它是三维（像 Lorenz 系统）或三维以上连续动力系统的状态，它是由定常状态逐步分岔到周期状态再到混沌状态的，所以混沌信号中含有各种周期成分，所以它的功率谱是一个连续功率谱，但由于有的频率在混沌信号中还是占优，所以在连续功率谱上还含有占优频率的尖峰。

大气湍流是什么功率谱呢？1941 年著名苏联科学家 Kolmogorov 用量纲分析方法得出在雷诺数 $\left(R_e = \dfrac{F_i}{F_v} \text{，其中 } F_i \text{ 为惯性力}, F_v \text{ 为黏性力} \right)$ 很高时，惯性区的功率谱为

$$s(k) \sim \varepsilon^{\frac{2}{3}} k^{-\frac{5}{3}} \qquad (15.1)$$

其中 ε 是湍流能量的耗散率，它表示单位时间所耗散的能量，其单位是 $\mathrm{m^2/s^3}$。所以式（15.1）右端的量纲为 $\left(\dfrac{\mathrm{m^2}}{\mathrm{s^3}} \right)^{\frac{2}{3}} \cdot \left(\dfrac{1}{\mathrm{m}} \right)^{-\frac{5}{3}} = \dfrac{\mathrm{m^3}}{\mathrm{s^2}} =$

$\dfrac{\mathrm{m^2/s^2}}{\mathrm{1/m}}$，它就是单位波数的能量。

式(15.1)是著名的湍流谱的 $-\dfrac{5}{3}$ 次方定律。它在双对数坐标 $(\log k,\log s(k))$ 上是斜率为 $-\dfrac{5}{3}$ 的直线，见图15.4。

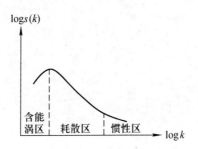

图 15.4   大气湍流功率谱

在图 15.4 中，功率谱曲线是一个斜率为 $-\dfrac{3}{5}$ 的直线的区域，或称为惯性区。

注意雷诺数表示惯性力和黏性力之比，惯性力是包括非线性项在内的湍流的驱动力，黏性力是耗散力。雷诺数很大，就表示流体的扰动很易产生不稳定，能量由大涡旋一级一级向小涡旋输送，这种过程称为串级(cascade)过程，形成大大小小的涡旋。

比惯性区尺度大的区域称为含能涡区，它是大尺度的能量向湍流输送的能量来源。比惯性区尺度小的区域称为耗散区。该区中分子耗散占主要作用。

与式(15.1)相伴的是湍流二阶结构函数 $D_2(r)$ 的 $\dfrac{2}{3}$ 次方定律，即

$$D_2(r)=[u(x+r)-u(x)]^2\sim\varepsilon^{\frac{2}{3}}r^{\frac{2}{3}} \qquad (15.2)$$

D_2 表示相距 r 的两点的速度差的平方，式(15.2)右端的量纲为

$\mathrm{m^2/s^2}$。

式(15.2)是物理空间中的定律,而式(15.1)是谱空间中的定律。由于 r 和 k 都差好多量级,所以是一个多尺度系统。将 r 和 k 分别乘以 λ 倍后的结果为

$$D_2(\lambda r) = \varepsilon^{\frac{2}{3}}\lambda^{\frac{2}{3}}r^{\frac{2}{3}} = \lambda^{\frac{2}{3}}D_2(r) \tag{15.3}$$

$$s(\lambda k) = \varepsilon^{\frac{2}{3}}\lambda^{-\frac{5}{3}}k^{-\frac{5}{3}} = \lambda^{-\frac{5}{3}}s(k) \tag{15.4}$$

式(15.3)、式(15.4)说明,尺度 r 或波数 k 作一个倍数 λ 的变换后,其功率谱的形式以及二阶结构函数的形式都不变,只差一个常数,这就是尺度变换后,功率谱和二阶结构函数的不变性,称为标度对称性,这里的标度就是尺度。由于普通力学中不会提及多尺度系统,所以很少提及标度对称性。

湍流标度对称性说明,大涡旋和小涡旋的尺度相差好多量级。小涡旋能量大,尺度放大后,其能量也按某个倍数放大。

在大气中湍流是如何发生的? 还是以气旋内辐合上升产生积雨云内的湍流为例,最初热空气水平辐合上升产生对流,见图 15.5。

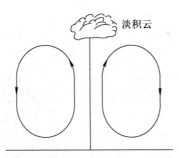

图 15.5 对流泡产生淡积云

上升的空气水汽凝结成淡积云,而孤立的淡积云周围是晴空产生的下沉运动。

但是当气旋形成后,最初受气压梯度力的水平辐合,然后受到科氏力的作用,某地表便形成螺旋的水平辐合,此时发生了围

绕垂直轴的旋转，而形成更为强烈的上升运动，见图 15.6。

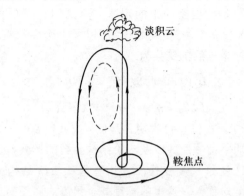

图 15.6　旋转辐合上升的鞍焦点，Silnikov 同宿轨道

那么气旋中心是一个鞍焦点。此时形成如图 15.6 所示的三维锥面上的周期螺旋上升运动。这时可以形成比淡积云深厚的浓积云。浓积云的边缘有上空的热空气下沉运动，下沉轨道与上升的空气轨道相接而形成如图 15.6 粗实线所示的轨道。

这种轨道称为 Silnikov 同宿轨道。也就是说，地表气旋的中心点在水平面上是焦点，但由于上升运动空气离开原点，所以是鞍焦点。也就是说，$t \to +\infty$ 时和 $t \to -\infty$ 时都趋向于同一鞍焦点，即 $t \to \pm\infty$ 时都同宿于这个鞍焦点。此时的轨道就称为同宿轨道，此时由于上升猛烈，天空形成积雨云。图 15.7 显示了真实的积雨云中上升运动和下沉运动的图像，它们实际上构成在云的东部螺旋上升，而在云的西部下沉，再次螺旋上升。

图 15.7　真实的积雨云中的气流

这种同宿轨道的特点是周期为无穷大，这是因为 $t \to -\infty$ 和 $t \to +\infty$ 轨道都趋向于同一点。注意，同宿轨道内有一个

周期运动的闭合轨道，见图 15.6 中的虚线。

由于周期为无穷大，也就是说频率是零，只要稍有扰动，而形成无数个同宿点。例如，在图 15.7 所示的大的同宿轨道中出现了许多与大的同宿轨道横截相交的焦点。

这种情况发生在积雨云中，就会产生各种周期的对流泡，所以积云中才有大大小小的上下翻腾滚滚的涡旋，它们相互碰撞，使积雨云中的小雨滴变成大雨滴，即云中就是这种由无数个大小涡旋构成的湍流。

由于雷雨云顶部高度可达 10 000 m，上升气流达到那么高的高空，如果遇到较大的水平方向的风（如急流），就会迫使旋转的上升气流向下产生向下的旋转运动。原来旋转垂直轴的涡管就从云底弯曲下来，从云底伸出的涡管可以达到地表面，而形成龙卷风，参见图 10.1 和图 10.3。

在大气中除了积雨云中有湍流外，在大气边界层内以及在高空急流区内是湍流常见的地方，引起湍流的原因主要是速度剪切，最初是上、下层之间有一个较小的风速剪切，见图 15.8。然后切变增加，上、下层之间的边界就变形，然后切变再增加，边界就有波状出现，最后当上、下层切变超过一个临界值时，则上、下层之间就形成一个涡旋，见图 15.8，就像在超对流风暴中切变所形成的涡管一样。

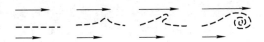

图 15.8 由于速度剪切产生的涡旋

若在上层和下层中都有切变，那么就要形成旋转方向相反的涡旋对，见图 15.9。

标度对称性是力学中一种新的对称性，它是多尺度系统的产物，也称为"分形"（fractals）。

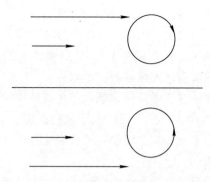

图 15.9　上下层中均有剪切产生旋转方向的涡旋对

参考文献

[1]　希尔德布兰特，特隆巴. 懫懫宇宙：自然界里的形态和造型. 沈施，译. 上海：上海教育出版社，2004.

[2]　刘式达，梁福民，刘式适，辛国君. 大气湍流. 北京：北京大学出版社，2008.

[3]　刘式达，刘式适. 物理学中的非线性方程. 北京：北京大学出版社，2000.

[4]　刘式达，刘式适. 非线性动力学和复杂现象. 北京：气象出版社，1989.

[5]　Abraham R H. The Visual Mathematical Library, Dynamics. The Geometry of Behavior. Santacruz：Aerial Press Inc.，1982.

16 *Chapter*　地球表面流场要遵循的拓扑关系

前面 1～12 章中介绍了在地球表面上的运动可以有在球面上螺旋形式的(螺旋进或螺旋出)气旋和反气旋，它们的中心是焦点。目前天气图绘制流线时是用海平面上等压线绘制的，不是用风向的切线绘制的，所以绘出的气旋、反气旋是闭合形式，如高压(G)和低压(D)，包括副热带高压、台风等，它们的中心是中心点。天气图上也应该有结点、鞍点等流场，但是由于人们目前只关心高压控制可能是晴朗天气，低压控制可能是要下雨，所以一般只绘出高压和低压形式，而不绘鞍点、结点流场。这些流场在整个地球的表面上应该遵循什么规律呢？

下面举几个例子说明流场的特征。

[**例 1**] 若空气团由北极到南极，风吹向南极，那么北极就是一个不稳定结点（源），南极就是一个稳定结点（汇），见图 16.1。

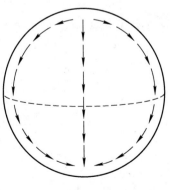

图 16.1　北极是源，南极是汇

也就是整个地球球面上有两个结点。

[例2] 若空气沿纬圈刮西风，那么空气就围绕着纬圈流动，此时北极是中心点，南极也是中心点，见图16.2。也就是说，地球球面上有两个中心点。

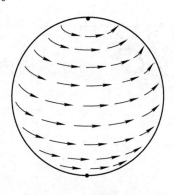

图16.2 全球刮西风，北极、南极都是中心点

例1说明空气有流出的地方（北极），也就有流进的地方（南极）；例2说明空气沿纬圈流，不会流失或积累，保持沿纬圈的西风流动的连续性。但是还有比上面两个例子较为复杂的情况。

[例3] 地球上在东半球和西半球各有一个大的涡旋，就好比将地球由北极沿经度0°和经度180°向南极剖一刀，分成东半球和西半球，此时流场见图16.3。此时从北极往下看，北极和南极附近的流场见图16.4(a)、(b)。

这种流场也很合理，东半球和西半球各有一个涡旋，空气沿这两个大涡旋旋转。在经度0°和经度180°的大剖面上，空气沿这个经圈绕一圈，从图16.3和图16.4可以看出，此时全球球面上有两个中心点，一个在东半球

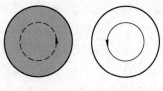

东半球   西半球

图16.3 东半球、西半球各有一个涡旋

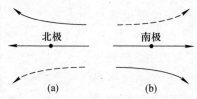

图16.4 由北极往下看，(a)北极和(b)南极的流场

的赤道上，一个在西半球的赤道上。北极和南极都不是奇点，此时若将全球流场铺开，可变成一个椭圆，见图 16.5。图 16.5 最左边、最右边合起来的部分就代表西半球的涡旋。

下面举一个较为复杂的例子。

[**例 4**] 将地球分成 4 块，相当于由南极到北极剖一刀，再沿赤道剖一刀。每一块都是一个大涡旋，见图 16.6。这里有 4 个大涡旋。

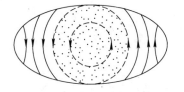
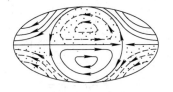

图 16.5　全球流场　　　　图 16.6　全球有 4 个大涡旋，
　　　　　　　　　　　　　　　　南、北半球各两个

但是为了保持流动的连续性，这时图 16.6 在赤道上白涡旋和带点的涡旋交界处的两点必然是鞍点。因为这两个点，有一个方向空气流进去，有一个方向空气流出去。

这个例子说明，全球有 4 个大涡旋，共有 4 个中心点。同时必须有两个鞍点相伴才能保持流动的连续性。

[**例 5**] 同样，将地球沿北极到南极剖两刀 (例如，沿经度 0° 和经度 180° 剖一刀，沿东、西经度 90° 剖一刀)，将地球分成 4 块，从北极看，流场见图 16.7。这 4 大块各有一个大涡旋，见图 16.8。

图 16.8 中最左边和最右边两边相接就是 4 个大涡旋中的一个白色的涡旋。

同样 4 个大涡旋，有 4 个中心点，为了保持流动的连续性，在北极和南极必有两个鞍点相伴随，见图 16.7 从北极看的一个鞍点，另一个鞍点在南极。

有意思的是，以上 5 个例子都符合著名的多面体的欧拉

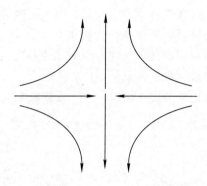

图 16.7 从北极看流场

(Euler) 方程：

$$V + F - E = 2 \qquad (16.1)$$

其中 V 是顶点数，F 是面数，E 是边数。

式 (16.1) 也适用于球面，其中 V、F、E 分别是球面上被剖分后图形的点数、面数和边数。

图 16.8 全球有 4 个大涡旋，东、西半球各两个

对于例 1，北极空气沿 4 条经线流向南极，就好比将全球分成 4 个月牙形的图形。所以边数 $E = 4$，这 4 条经线把球面分成了 4 块，所以面数 $F = 4$，顶点数是北极、南极各一个，故 $V = 2$，那么按 Euler 方程得

$$V + F - E = 2 + 4 - 4 = 2$$

对于例 2 刮西风的情况，可以想象南北半球被赤道上的两个顶点及两条线分开，形成两个大锅盖图形，见图 16.9。即顶点数 $V = 2$，边数 $E = 2$，面数 $F = 2$，所以仍有

$$V + F - E = 2 + 2 - 2 = 2$$

现在看例 3，它和例 2 类似，此时南、北极的两个顶点和由北极到南极的两条经线，将地球分成东、西两个半球，而例 2 只是分成南、北两个半球而已。南、北极各有一个顶点，$V = 2$，通

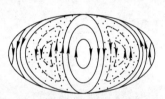

过两个顶点的大经圈上的两条线（$E = 2$），将地球分成东、西两个半球球面，即 $F = 2$。同样 Euler 方程［式（16.1）］成立，见图 16.10。注意此时南、北极不是速度场为零的点。

例 4 中通过绘制两条经线（通过南、北极）和一条赤道纬线，将地球剖成 4 个多面体块，这样顶点 $V = 6$（南、北极各一个，两条线和赤道有 4 个交点），面 $F = 4$，边 $E = 8$，式（16.1）仍成立，即

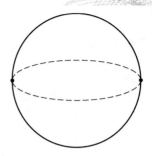

图 16.9　两条线、两个顶点分成南、北两个半球

$$V + F - E = 6 + 4 - 8 = 2$$

例 5 和例 1 相同，两个顶点（北极和南极）、4 条经线将地球分成 4 块，不过此时北极和南极和例 1 不同。例 1 的北极和南极是结点，而例 5 的北极和南极是鞍点，即 $V = 2$，$E = 4$，$F = 4$，此时式（16.1）仍成立。

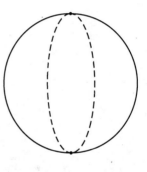

要从流场的角度看，由于结点、图 16.10　两条线、两个顶中心点、焦点的流场是一个方向流　点分成东、西两个半球（向内，向外，或沿闭合曲线），将它们归为一类；而鞍点既有向内流，也有向外流，将它们归为另一类。那么球面上的 Euler 方程可以写成

结点、中心点或焦点的总数－鞍点总数 = 2　　　(16.2)

很容易说明以上 5 个例子全部遵循式（16.2）这个拓扑关系。对于这个拓扑关系，全球同时刻的流场一定不能违背。

全球大气环流虽然复杂，但是球面上的流场必须遵循式（16.2）的拓扑关系。

因此，大气流场非常复杂，但都要遵循非常简洁的关系式。

参考文献

[1] Wallace J M. Atmospheric Science, An Introductory Survey. Cambridge: Academic Press, 2006.

[2] 刘式达，梁福明，刘式适，辛国君. 大气湍流. 北京：北京大学出版社，2008.

[3] 刘式达，刘式适. 孤波和湍流. 上海：上海科技教育出版社，1994.

[4] Baicrlein R. Newton to Einstein, The Trail of Light. Cambridge: Cambridge University Press, 1992.

[5] Richeson D S. Euler's Gem, The Polyhedron Formula and the Birth of Topology. Princeton: Princeton University Press, 2008.

大众
力学
丛书

17 天气和气候哪个"记忆力"好?

天气预报和人们日常生活息息相关,目前气候预报更引人注目,天气和气候哪一个好预测呢?

天气和气候是相联系的。以降水来说,天气是讨论某天降水量的大小,气候是讨论某年旱和涝。

力学中常提到布朗运动,20世纪初爱因斯坦对布朗运动作了系统研究,并作出了杰出的贡献。这一章为什么将布朗运动与天气气候联系在一起呢?

在布朗运动中能分离出两种尺度,一种是可见的水中花粉的宏观尺度随机游动,另一种是看不见的分子杂乱无章相碰撞的微观尺度运动。宏观尺度的花粉的随机涨落完全是由于微观的分子不规则运动所致。这样,布朗运动的宏观位移 x 就可以用随机微分方程[称为朗之万(Langevin)方程]来表示:

$$\frac{\mathrm{d}x}{\mathrm{d}t} = \varepsilon(t) \tag{17.1}$$

其中 $\varepsilon(t)$ 是微观尺度上的随机,常用白噪声表示。

虽然式(17.1)称为随机微分方程,但是它说明了宏观尺度 x 是微观尺度 ε 的积分,积分本身就含有求和、平均的意义。

天气和气候是什么关系呢？这里不能确切地说它们的定义。通常说天气是指每天的天气状况，如今天的温度多高，降水量多少，云量多少，风多大，等等。气候通常是指在时间尺度更大的情况下，如月、季、年，甚至 10 年、100 年等时间尺度气象变量的平均状况，是暖还是冷，降水偏多还是偏少，干旱还是洪涝，等等。在气象上有人就定义气候是天气的平均状态，可以是月平均、季平均、年平均等。所以 1976 年 Hasselmann 就将天气和气候的关系比做布朗运动中微观尺度和其宏观尺度的关系，将式(17.1)说成是气候 x 是天气 ε 强迫的结果，其中 $\varepsilon(t)$ 代表天气距平(变量和其平均值的差)，x 代表气候距平。这种质朴的想法看起来还说得过去。

所谓白噪声，从时间轴上看，白噪声 $\varepsilon(t)$ 的涨落都围绕着平均值为零而上下波动，所以认为白噪声的平均值 $\langle \varepsilon \rangle = 0$，见图 17.1(a)。

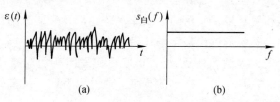

$$(a) \qquad\qquad (b)$$

图 17.1　(a)白噪声及(b)其功率谱

有时为了将一个信号 $x(t)$ 看得更清楚，可以仅仅在时间 t 的域上去看，也可以到频率 f 的域上去看，看一看在每个频率 f 上，信号的强度 $|\hat{x}(f)|$ 或功率 $|s(f)|^2$ 有多大。这里 $\hat{x}(f)$ 就是信号 $x(t)$ 的傅里叶(Fourier)变换。

由图 17.1(a)可以看出，白噪声是一种围绕平均值上下涨落都较为均匀的一种信号，所以到频率 f 的域上去看，它在每种频率上的强度都相同。因此在以频率 f 为横坐标、以单位频率的功率 $s(f)$ 为纵坐标的图上，白噪声的功率谱 $s(f)$ 是常数，即

$$s_{白}(t) = \left| \hat{\varepsilon}(f) \right|^2 \sim f^{-\beta}, \quad \beta = 0 \qquad (17.2)$$

其中 β 称为功率谱指数,见图 17.1(b)。像图 17.1(b)这样的图称为功率谱。

那么信号 x 微商 $\dfrac{\mathrm{d}x}{\mathrm{d}t}=\varepsilon$ 以后的功率谱有什么变化呢? 由于 x 是 ε 的积分,因此也可以问,积分以后的功率谱有什么变化呢?

因为积分相当于平滑,一个信号经过平滑以后,时间尺度小(即高频)的信号常常容易被平滑掉,所以平滑以后的信号功率谱由低频到高频就由白噪声的平的直线变成向下倾斜,见图 17.2(b)。

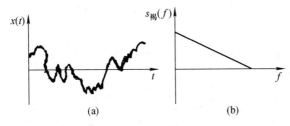

图 17.2 (a)褐色噪声及(b)其功率谱

因为时间信号的傅里叶变换将信号分解成不同频率 f 的叠加,也就是说,信号按 e^{ift} 的正弦函数展开,展开系数的模平方就是单位频率的功率。因此对信号微商一次和积分一次后的系数模平方就分别多出 $|if|^2$ 和 $|(if)^{-1}|^2$。

因此若 ε 的功率谱指数是 β,那么积分一次以后的信号功率谱指数就是 $|\hat{\varepsilon}(f)\cdot(if)^{-1}|^2=f^{-\beta-2}=f^{-(\beta+2)}$,即功率谱指数由 β 变成了 $\beta+2$。也就是说,积分以后的功率谱的斜率加大了。类似,微商一次以后的功率谱指数则由 β 变成了 $\beta-2$。

例如,白噪声的功率谱指数 $\beta=0$,经过式(17.1)平滑以后的功率谱指数就变成 $\beta=2$,即功率谱在双对数坐标纸上由水平直线变成了向下的斜线。此时 x 称为褐色噪声(褐色是英文 brown 的字义),褐色噪声实际功率谱见图 17.2,即褐色噪声的功率谱

$$s_{\text{褐}}(f)\sim f^{-2} \tag{17.3}$$

平滑以后的功率由平变斜是合理的。由于 x 是 ε 的积分，它将高频分量(时间尺度小)平滑掉了，所以小尺度的成分就被去掉了，而低频分量(时间尺度大)仍保留着。

观测信号除了用功率谱这种工具以外，还常用时间间隔 τ 的两个前后随机涨落的自相关系数来度量：

$$R(\tau) = \frac{\langle x(t)x(t+\tau) \rangle}{\langle x^2(t) \rangle} \qquad (17.4)$$

对于白噪声，通常认为随机涨落 $x(t+\tau)$ 和 $x(t)$ 是毫不相关的，因而自相关系数 $R(\tau) = 0$；但对于褐色噪声，由于它已经将互不相关的白噪声进行了平滑，把那些小尺度完全不相关的信号给平滑掉了，因此褐色噪声的相关程度就好多了。

通常认为褐色噪声的自相关系数为

$$R_褐(\tau) = e^{-\frac{\tau}{T}} \qquad (17.5)$$

其中 T 是特征时间尺度。

这种指数函数所表示的自相关系数[见式(17.5)]一般称为短程相关，这是因为 $\tau = 0$ 时 $R(0) = 1$，但当时间间隔 τ 很大后，这种相关就很小了。例如：当 $\tau = T$ 时，自相关系数就只有 e^{-1}，即只有 0.36；当 $\tau = 2T$ 时，自相关系数只有 e^{-2}，即只有 0.13，τ 更大时自相关系数衰减得非常快。

所以若把 ε 看成天气、x 看成气候，气候的相关只能是短程相关，"记忆力"不好。

实际上情况并非如此，由今天的天气预报明天的天气一般还算可以，但是要预报几天(一般最多 5 天)以后的天气，这种预报就差多了，这就是所谓"可预报性问题"，也就是天气的"记忆力"不好。世界上没有一天的天气是一样的，但是对于气候却不相同，由于气候是天气信号不同程度的平滑结果，它一定程度上消去了天气信号中互不相关的天气高频部分(时间尺度小的成分)。气候相关就比天气相关要长得多。以四季为例，春、夏、秋、冬一年四季如此，冬天过后必定是春天，春天过后必定是夏天……气候的 "记忆力" 比天气要好得多。

北京 1951—2000 年共 50 年的月和年平均温度距平时间序列的自相关系数见图 17.3。

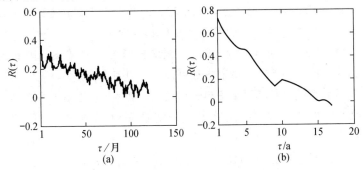

图 17.3　北京 1951—2000 年的月和年平均温度距平
时间序列的自相关系数

从图 17.3 可以看出，它再也不像褐色噪声的自相关系数 [式 (17.5)] 的指数系数 $e^{-\frac{\tau}{T}}$ 形式，而更像一个幂函数形式：

$$R(\tau) \sim \tau^{-\alpha} \quad (\alpha > 0) \qquad (17.6)$$

也就是说，当 τ 比较大时，仍有较大的相关，这称为长程相关。例如，从月资料来看，$\tau = 80$ 个月，则由图 17.3 中看出 $R(\tau) \approx 0.1$，但要用指数函数 $e^{-\frac{80}{T}}$ ($T = 1$ 个月)，那么 $R(\tau) \approx 1.8 \times 10^{-35}$，它比 0.1 小得多。又如从年资料来看，$\tau = 10$ 年，$R(\tau) \approx 0.2$，但是若用指数函数 $e^{-\frac{10}{T}}$ ($T = 1$ 年) 算，$R \approx 5 \times 10^{-5}$，也比 0.2 小很多，这就说明气候的记忆力较长。

所以把气候 x 的一阶微商看成是天气，或气候 x 是褐色噪声就不合适了。这是什么原因呢？原来把白噪声按方程式 (17.1) 平滑后，主要是平滑了高频的分量，而低频的分量仍存在，即功率谱的斜率 (为 -2) 太大了。为此，提出天气 ε 和气候 x 之间的关系为

$$\frac{\mathrm{d}^q x}{\mathrm{d} t^q} = \varepsilon \qquad (17.7)$$

其中 $0 \leqslant q \leqslant 1$，这里 q 由于可以是分数，就将 $\dfrac{\mathrm{d}^q x}{\mathrm{d}t^q}$ 称为分数阶导数。

这样和 $q = 1$ 讨论类似，此时若 x 的功率谱指数 β 变为 $\beta + 2$，积分 q 次以后，信号的功率谱为 $\beta + 2q$。

当 $q = 1$ 时，$\beta = 0 + 2 = 2$，这就是式（17.1）的结果。因此当 $0 \leqslant q \leqslant 1$ 时，气候的功率谱指数可以介于 0 和 $2q$ 之间。

对北京的月和年温度资料分析表明，功率谱指数 β 分别为 $\beta = 1.052$ 和 $\beta = 1.452$，因此求得 q 分别是 $q = 0.526$ 和 $q = 0.726$，也就是说，现在白噪声积分次数不是 1，而是小于 1 的分数。

因此功率谱在双对数坐标纸上的斜率就比 -2 小多了，也就是说天气中的低频部分也被平滑掉了一部分。因此小尺度的随机涨落被滤掉了很多，保留下来的是大尺度的成分较多，这就造成了气候的长程相关性，即"记忆力"好的原因。

天气的"记忆力"不好，说明只拿今天的天气预报明天的天气，因而预报的信息不足，预报时间不长。而气候的"记忆力"好，意味着明年的气候不但由今年的气候决定，而且还决定于前年的气候，这样取得的信息较多，因而预报的时间较长。

式（17.7）中的 q 是分数，这就是说式（17.7）代表分数阶导数，这是近 10 年科学上的重要发现。

从降水角度上讲，天气讲的是每天下雨还是不下雨，气候讲的是今年旱还是涝。天气和气候的关系值得研究。

参考文献

[1] 刘式达，梁福明，刘式适，辛国君．大气湍流．

北京：北京大学出版社，2008.

[2] 刘式达，时少英，刘式适，梁福明. 天气和气候之间的桥梁——分数阶导数. 气象科技，2007，35：115－119.

[3] 刘式达，刘式适. 非线性动力学复杂现象. 北京：气象出版社，1989.

大众
力学
丛书

18 Chapter 为什么要关注"温室气体"?

天气和气候的关系非常密切。天气系统(如气旋、反气旋、台风、龙卷风等)应该遵循力学规律。但是，它们也要受到气候变化的控制，尽管夏天有的地方还会下雪，但是毕竟夏天气候总的是气温偏高，冬天有的地方还能打雷，但毕竟冬天气候总的是气温偏低。现在人们越来越关心气候的变化，更常提及"温室效应造成气候变暖"的问题。为什么谈气候要说温室气体呢？

唯一的大气运动的能量就是太阳。单位时间内太阳发射的能量称为太阳辐射通量，它的数量为 3.8×10^{26} W(太阳表面温度为 5 780 K)。

由于地球太阳间的平均距离 $L = 1.50 \times 10^{11}$ m，半径为 L 的大球面的表面积为 $4\pi L^2$，因此离太阳距离为 L 的大球面单位面积上每秒收到的太阳辐射能量为(见图 18.1)

$$S = \frac{3.8 \times 10^{26}}{4\pi (1.50 \times 10^{11})^2} = 1\ 360 \ \text{W/m}^3 \qquad (18.1)$$

其中 S 称为太阳常数，见图 18.1。

但是，因为地球接受太阳能的面积是 πR^2，它是和光线垂直的地球剖面，其中 R 是地球半径，见图 18.2。又假设地球表面

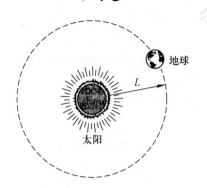

图 18.1 太阳通过半径为 L 的大球面所发出的能量

的反照率(太阳辐射的一部分被反射到太空)为 α,那么进入地球的总能量就为

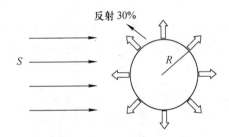

图 18.2 地球大气系统的能量平衡

$$E_{进入} = S(1 - \alpha)\pi R^2 \qquad (18.2)$$

用能量平衡的观点来讨论地球表面的温度 T。通常认为地球是一个温度为 T 的黑体,那么按照黑体辐射定律,单位面积上回馈到地球外层空间的能量为

$$E = \sigma T^4 \qquad (18.3)$$

其中 $\sigma = 5.67 \times 10^{-8} \text{W}/(\text{m}^2 \cdot \text{K}^4)$,称为 Stefen – Boltzman 常数。如果地球只吸收太阳辐射,那么地球就会越来越热,但是这并没有发生。这是因为地球还要放射同样的能量回太空,即地球处在热平衡状态。能量平衡意味着单位面积由太阳每秒进入地球的能

量(称为短波辐射)应该等于每秒地球向外辐射的能量(称为长波辐射),注意地球向外辐射的能量是在 $4\pi R^2$ 面积上放射的,见图 18.2 的空心箭头。由式(18.2)和式(18.3)得到

$$\frac{S(1-\alpha)\pi R^2}{4\pi R^2} = \sigma T^4 \qquad (18.4)$$

由式(18.4)解出

$$T = \sqrt[4]{\frac{S(1-\alpha)}{4\sigma}} \qquad (18.5)$$

将 $S = 1\ 360\ \text{W/m}^2$、$\alpha = 0.3$ 代入式(18.5),解出 $T_1 = 255\ \text{K}$(或 $-18\ ℃$)。

由式(18.4)可以知道,若没有大气,太阳在地球单位面积上的短波辐射为 $\frac{1}{4}S(1-\alpha) = \frac{1\ 360 \times 0.7}{4} = 238\ \text{W/m}^2$,而单位面积上地球输出到太空的长波辐射也为 $238\ \text{W/m}^2$,两者平衡时地球表面的温度应为 $255\ \text{K}$($-18\ ℃$),见图 18.3。

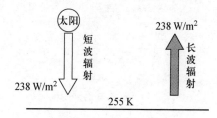

图 18.3　无大气时地球的能量平衡

而实际地球的平均温度约为 $288\ \text{K}$($15\ ℃$)。因此用无大气的能量平衡算出的地球温度太低了,所以假设没有大气是不对的。大气会对能量产生什么影响呢?

研究表明,大气能够透过可见光(波长为 $0.3 \sim 0.8\ \mu\text{m}$ 的短波辐射),但是却吸收地表放射出的红外光(波长为 $4 \sim 20\ \mu\text{m}$ 的长波辐射)。同时大气作为一个黑体也以 $255\ \text{K}$ 放射 $238\ \text{W/m}^2$ 到地面以及辐射到地球外空间,见图 18.4。

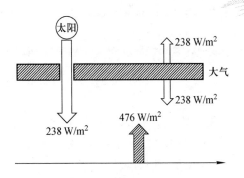

图18.4 有大气时地球的能量平衡

从图18.4可以看出,地球表面和大气分别都处在能量平衡之中。对于地球表面,有238 W/m² 来自太阳,有238 W/m² 来自大气,因此地球表面放射476 W/m² 就达到平衡了。而对于大气,吸收地表476 W/m²,同时向上和向下辐射各238 W/m²,也达到平衡。现在无论是大气还是地表,能量平衡都是476 W/m²,比无大气时的238 W/m² 增加了一倍。设此时的温度为 T_2,则由式(18.4)得

$$\frac{\sigma T_2^4}{\sigma T_1^4} = 2$$

或

$$\frac{T_2}{T_1} = 2^{0.25} = 1.189$$

所以

$$T_2 = 1.189 T_1 = 1.189 \times 255 = 303 \text{ K}$$

因此,有了大气以后,能量平衡的温度比无大气时能量平衡的温度高出48 K,即由255 K(−18 ℃)变成了303 K(30 ℃)。尽管这个温度比实际的288 K(15 ℃)高出了15 K,但是它说明大气中的水汽、二氧化碳等气体都称为温室气体,像家中的玻璃一样,能够透过短波辐射的太阳光,却挡住了长波辐射,使地球、大气温度升高了。也就是说,有了大气以后,挡住了一些逃

逸到太空的能量，而且将其折回到地表面，所以使地球变暖。在讨论气候时常把二氧化碳、水汽等气体称为温室气体，它们使大气温度增加，称为"温室效应"。

这就是现在讨论气候时，常要提到温室气体和人为排放等问题的原因。

利用辐射平衡，还可以估计对流层以上的平流层的温度。

若地表附近的对流层仍以 $T_1 = 255$ K 放射长波辐射，仍以 σT_1^4 的能量放射出来，见图18.5。

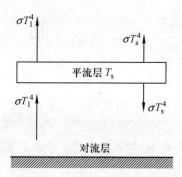

图 18.5　平流层的辐射平衡

那么平流层吸收的能量为 $\varepsilon \sigma T_1^4$，其中 ε 是放射率。按照辐射的基尔霍夫(Kirchhoff)定律，吸收率和放射率相等，所以平流层吸收了来自对流层的能量 $\varepsilon \sigma T_1^4$，因而平流层放出的辐射能量为 $(1-\varepsilon)\sigma T_1^4 \sim \sigma T_1^4$。

设平流层的温度为 T_s，那么它向上和向下放射都是 σT_s^4。所以平流层的辐射平衡为

$$\sigma T_1^4 = 2\sigma T_s^4 \tag{18.6}$$

求出

$$T_s = \left(\frac{T_1^4}{2^1}\right)^{\frac{1}{4}} = \frac{T_1}{2^{\frac{1}{4}}} = \frac{255}{2^{\frac{1}{4}}} = 215 \text{ K}(-58 \text{ ℃})$$

若设地表温度为 288 K(15 ℃)，对流层高度为 11 km，那么

对流层的温度递减率 Γ 为 0.66 K/100 m，见图 18.6。

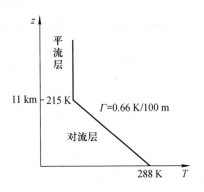

图 18.6 对流层的温度分布

因此这种环境温度分布的递减率 Γ 小于第 1 章介绍的干绝热过程温度递减率 Γ_d。

参考文献

[1] Hewitt P G. Conceptual Physical Science. San Franciso：Pearson Education Inc. , 2007.

[2] 刘式达，时少英，刘式适，梁福明. 天气和气候之间的桥梁：分数阶导数. 气象科技，2007，35(1)：15 – 19.

[3] 刘式达，刘式适. 非线性动力学和复杂现象. 北京：气象出版社，1989.

[4] Hasselmann K. Stochastic Climate Model, Part I, Theory. Tellus 28，1976：473 – 485.

[5] Taylor F W. Elementary Climate Physics. Oxford：Oxford University Press，2005.

大众
力学
丛书

19 Chapter "全球气候变暖"的提法对吗?

现在到处都在说"全球气候变暖",这种说法对吗?我们知道,天气是指每天的温度、降水、风等气象要素的状况,而气候是指每旬、每月、每年甚至 10 年、100 年等时间尺度的气象要素的平均状况。就气温而言,在气候的每种尺度上都有冷、暖之分,例如,今年相对于去年是冷还是暖等。就北半球地球表面空气月平均气温的时间序列(从 1851—1984 年共 133 年)而言,经过子波变换以后,在 100 年、10 年以及 1 年时间尺度上气候的冷暖分界时间见图 19.1。

从图 19.1 中可以看出,从 100 年时间尺度上看,1851—1920 年气候偏冷,从 1920—1984 年气候偏暖,因此 1920 年是近100 年时间尺度上的气候突变点。从 10 年的时间尺度上看,100年尺度的冷期(或暖期)中又含有 10 年时间尺度上的两个暖期和一个冷期,同样,10 年时间尺度上的冷期(或暖期)中又包含 1年时间尺度的冷期和暖期。

如果要问,1954—1976 年这个时期是暖还是冷,该如何回答呢?因为从图 19.1 可以看出,这个时期从 100 年时间尺度上看是暖,从 10 年时间尺度上看是冷,那么该说冷还是暖呢?若

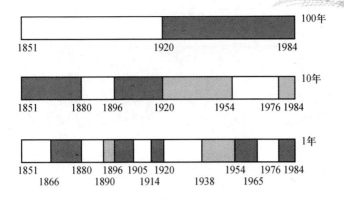

图 19.1 三个不同时间尺度上的气候变化(图中暗区表示暖)

回答是冷,但是 100 年时间尺度上是暖;若回答是暖,10 年时间尺度上是冷。因此离开时间尺度上谈气候的冷和暖是毫无意义的。气候是多尺度系统,月、年甚至 10 年、100 年等时间尺度都可以谈气候的冷和暖,从月到上亿年的时间尺度,时间尺度几乎差 10^9 量级。这和力学中要确定一个力学量的特征尺度的看法完全不同,气候是多尺度的,也就是说,气候是一个无特征尺度系统。

为了形象化,气候的冷和暖的"位势"好比是两个位势的极小点,这两个极小点处还含有尺度更小的极小点,见图 19.2。

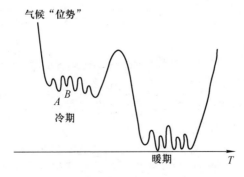

图 19.2 气候"位势"

大众
力学
丛书

129

　　在大的极小点(冷期)中的小的极小点 A 和 B 相比，B 点的温度比 A 点的温度高，因此 B 点是大冷位势下的小暖位势。若要问 B 点是暖还是冷？正确的回答是大时间尺度上是冷，小时间尺度上是暖。这就说明，对多尺度的气候而言，离开时间尺度谈冷暖是毫无意义的，正像人们问湍流中有多少个涡旋一样毫无意义，因为湍流中大涡旋中还包含小涡旋，小涡旋中还包含更小的涡旋。

　　提到时间尺度，百年以上的气候变迁有专门名词。千年时间尺度称为冷期或暖期，万年时间尺度称为付冰期或付间冰期，十万年时间尺度称为亚冰期或亚间冰期，百万年时间尺度称为"世"，千万年时间尺度称为"纪"，亿年时间尺度称为"代"。

　　根据多种探测数据综合，图 19.3 是过去 1 百万年的最近 1 千年的全球平均气温。

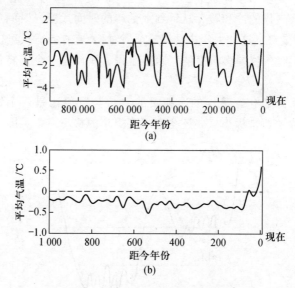

图 19.3 　(a)过去 1 百万年、(b)最近 1
千年的全球平均气温(取自 IPCC)

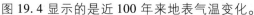

图 19.4 显示的是近 100 年来地表气温变化。

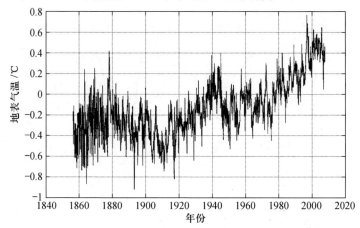

图 19.4　近 100 年来地表气温变化

从图 19.3 和图 19.4 可以看出，近百年来，地表气温只上升了 0.6 ℃ 左右，但是约 10 万年前平均气温甚至接近 1 ℃。

因此，气候的冷暖是随时间尺度的变化而变化的。但是是否有规律可循呢？这个规律就是寻找每个时间尺度上的突变时间（由冷转暖和由暖转冷）之间是否存在规律，讨论一种简单的情况。若尺度最大的时间序列只有一个转换点，即由冷转暖，而这种尺度上的冷期（或暖期）又在下一尺度上各分成一个冷期和一个暖期，这样，它又多出两个转换点（或突变点）……这样下去，每次都是一分为二，即一个冷期（或暖期）都在下一尺度上分成一个冷期和一个暖期。图 19.5 显示的是三个尺度层次上的转换点。

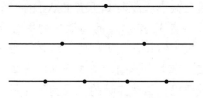

图 19.5　每次一分为二的气候转换点位置

大众
力学
丛书

131

在时间 t 的区间 $[-1,1]$ 上绘 $\cos \pi t$、$\cos 2\pi t$、$\cos 3\pi t$ 和 $\cos 5\pi t$ 的图，见图 19.6。

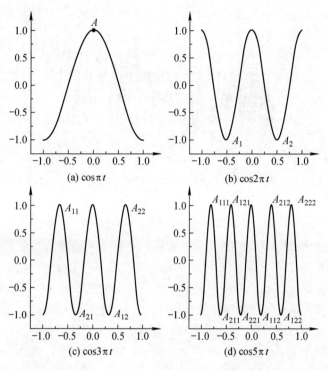

图 19.6 $\cos \pi t$、$\cos 2\pi t$、$\cos 3\pi t$ 和 $\cos 5\pi t$ 的图

$\cos \pi t$、$\cos 2\pi t$、$\cos 3\pi t$、$\cos 5\pi t$ 就表示周期 1、周期 2、周期 3 和周期 5，这里周期 1、周期 2、周期 3、周期 5 表示在区间 $[-1,1]$ 上周期的个数，而从周期 1 到周期 5 时频率加大，因而也表示时间尺度减小。周期 1（尺度最大）的一个极大值 A 生出周期 2 的两个极小值 A_1 和 A_2，而周期 2 的每个极小值又分别生出周期 3 的一个极大值和一个极小值。总之，最大尺度上若只有一个转折点，按尺度大小排列，依次分别多出 2、4、8 等各转折点，这不就是规律吗！虽然实际的气候变化并不像这里描述的那么简单，总是一个生出两个的冷暖转换方法，但是还是值得注

意，它们说明周期 1、周期 2、周期 3、周期 5 是多尺度系统的基本周期。

应用这个结果来估算 1851—1984 年的气候时间序列各个尺度的突变点。

从 1851—1984 年共 133 年，其中间位置应是 1851 + 67 = 1918 年，而实际的近 100 年的气候突变点是 1920 年，只差 2 年。而 100 年尺度上的冷期长度是 1920 – 1851 = 69 年，暖气长度是 1984 – 1920 = 64 年。因此 100 年时间尺度上的冷期(或暖期)在下一尺度上各多了一个突变点，它们分别为 $1851 + \dfrac{69}{2} \approx 1885$ 年和 $1920 + \dfrac{64}{2} = 1952$ 年。而图 19.1 所示的实际的转换点为 1880 年和 1954 年，分别相差 5 年和 2 年。

和传统力学不同，对多尺度气候系统，严格地讲，科学的问题不是问"气候是否变冷或变暖"，因为每种尺度上都有冷和暖，而是要寻找气候转换点之间的规律。这是力学研究中的新课题。

参考文献

[1] 刘太中，荣平平，刘式达. 气候突变的子波分析. 地球物理学报，1995：38(2)，158—162.

[2] Chui C K. Wavelets：A Mathematical Tool for Signal Analysis. Philadelphia：Siam, 1997.

[3] 刘式达，梁福明，刘式适，辛国君. 大气湍流. 北京：北京大学出版社，2008.

全球气候变暖，极值天气增多了吗？

第 19 章提到离开时间尺度谈冷暖是毫无意义的，现在伴随着"全球变暖"的提法，又到处都在说"气候变暖了，所以极值天气增多了"。2010 年，北京冬天下了这么多次大雪，云南竟然也出现百年不遇的干旱。从感觉上总觉得"气候变暖了，极值天气增多了"的提法没有错。

要知道，人们学的力学从来都是从质点动力学开始的牛顿第二定律的力学。现在用它来分析气候就遇到麻烦了。因为气候是一个多时间尺度的系统，每月、每季、每年甚至 10 年、100 年等的时间尺度都可以谈气候的冷暖，远至上亿年也可以谈气候的冷暖。因此气候是一个多时间尺度的系统，也可以称为无特征尺度的系统。

物理学家做研究时必要的一步是掌握特征量的参数量级，例如：研究原子，它的空间尺度为 10^{-10} m；研究人的高度，它的高度尺度为 10^{0} m；研究宇宙，其空间尺度为 10^{26} m。这里讲的尺度就是"平均尺度"，也就是说，过去人们研究的物理对象是有特征尺度现象。对有特征尺度现象，此时科学的问题可以问"比平均值高还是低"。例如，50 人一个班学生的平均身高是多少？

中国人的平均寿命是多少，它相对于新中国成立前的平均寿命高多少？

但是对于多时间尺度的气候，科学问题的提法就不一样了。对多时间尺度气候问题，不但离开尺度不能谈冷暖，甚至谈平均值也意义不大。

以日降水量来说，有的日子不下雨，有的日子下上百毫米的暴雨，北京的年降水量约为 600 mm，因此"平均日降水量为 2 mm"。这种说法看起来很有道理，但相对于不降水的日子来说，平均 2 mm 的降水量实在太大了，而相对于 100 mm 降水量的日子来说，平均 2 mm 的降水量又实在太小了。这里的降水量本身也是多尺度的，从 1~100 mm 的降水就差两个量级，从无降水到 100 mm 的降水量原则上差无穷多个量级。

对有特征尺度的现象，为什么可以说平均值，这是因为会服从正态分布，平均值位置上的概率最大。对正态分布而言，离平均值只有一个方差 σ 距离，即区间 $(-\infty, \sigma)$ 概率密度的面积就占了 84%，离平均值 2σ 的距离，区间 $(-\infty, 2\sigma)$ 概率密度的面积已占 98%，所以离平均值较大距离的概率非常小，见图 20.1。

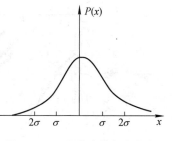

图 20.1　正态分布的概率分布

对这种有特征尺度的现象说"平均值"就非常"正常"，若说一个人只有 50 cm 高，当然就非常奇怪，说明这个人"异常"。

但是对多时间尺度气候而言，其概率分布并不服从正态分布，而是服从一种长尾巴分布(称为 Levy 分布)，在对数坐标 $(\log x, \log(X > x))$ 上绘出的概率分布，见图 20.2 中的虚线。图中实线标出的是正态分布。其中 x 是随机变量。

从图 20.2 中可以看出，正态分布 $X > 3\sigma$ 的概率仅为 10^{-5}，

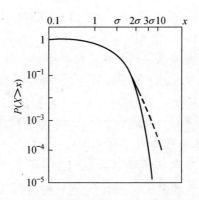

图 20.2　有特征尺度分布（实线，正态分布）和无
特征尺度的分布（虚线，Levy 分布）

但是对 Levy 分布方差达到 7σ 的概率仍相当大。

以乌鲁木齐、北京、南京、广州 1961—2000 年日降水量 x 的时间序列为例，横坐标为 x 的对数，纵坐标为日降水量 x 的概率 $P(X>x)$ 的对数作出的概率分布图，见图 20.3。

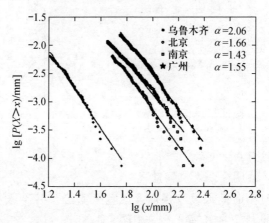

图 20.3　1961—2000 年日降水量 x 的概率 $P(X>x)$ 分布

从图 20.3 可以看出，它和图 20.2 的虚线很一致，即服从 Levy 分布，即 $P(X>x) \sim x^{-\alpha}$。

从图 20.3 估计出日降水量大于 50 mm 的概率，北京约为 3×10^{-3}，南京约为 10^{-2}，广州约为 2.5×10^{-2}，它们都比正态分布偏离平均值达 3σ 时的概率大得多。也就是说，对多时间尺度的气候而言，这种大涨落的极值事件并不少见，不能将它称为"异常"。对多尺度现象，各种尺度上都有大大小小的涨落，这并不奇怪。

人们从感觉上讲，下了大雪、出现干旱都觉得不太正常，但是对多时间尺度的气候而言，这都是正常的。

正像地震现象，小地震天天有，大地震（8 级以上）每年有几次。每级地震能量差 30 倍，因此是无特征尺度现象。地球板块经过若干亿年的变迁，它已经适应了外界环境变化，系统处于临界的稳定状态，随时发生地震，有时甚至是大地震。只是大地震次数少，小地震次数多，大气也是如此，太阳是大气运动的唯一能源，通过像台风、暴雨等天气现象不断释放能量，耗散吸收的太阳能量。大雨、小雨天天都有，不在这里发生，就在那里发生，只是下小雨的次数多，下大雨的次数少而已。

为了勉强解释这是所谓的"异常"，有的人仍用旧的观点——"气候变暖，极值天气增多"，这种说法是以有特征尺度现象服从正态分布为前提的。对于正态分布，由于平均值增加，因而图 20.1 所示的正态分布向右移，见图 20.4。似乎小概率的现象的概率就变大，这种解释没能了解有特征尺度现象和无特征尺度现象之间的区别。

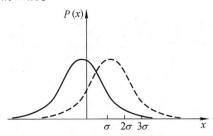

图 20.4 平均温度增加，似乎极值事件概率加大

对力学家而言，从质点动力学的有特征尺度现象转变到研究无特征尺度的力学现象，还要有一个转变过程，许多问题有待科学进一步发展才能进一步认识。

有特征尺度现象和无特征尺度现象之间有明显的区别。前者的概率密度分布是正态分布，后者的概率密度分布是长尾巴的 Levy 分布。

参考文献

[1] 刘式达，时少英，刘式适，梁福明. 天气和气候之间的桥梁：分数阶导数. 气象科技，2007，35（1）：15—19.

[2] 刘式达，刘式适. 地球物理中的混沌. 长春：东北师范大学出版社，1999.

郑重声明

图书在版编目（C I P）数据

谈风说雨：大气垂直运动的力学/刘式达，李滇林著.
—北京：高等教育出版社，2013.4
ISBN 978 - 7 - 04 - 037081 - 2

Ⅰ.①谈… Ⅱ.①刘… ②李… Ⅲ.①大气动力学
Ⅳ.①P433

中国版本图书馆 CIP 数据核字（2013）第 054893 号

策划编辑 王 超 责任编辑 焦建虹 封面设计 赵 阳 版式设计 于 婕
插图绘制 尹 莉 责任校对 张小镝 责任印制 毛斯璐

出版发行	高等教育出版社	咨询电话	400 - 810 - 0598
社 址	北京市西城区德外大街 4 号	网 址	http：//www.hep.edu.cn
邮政编码	100120		http：//www.hep.com.cn
印 刷	北京中科印刷有限公司	网上订购	http：//www.landraco.com
开 本	850 mm×1168 mm 1/32		http：//www.landraco.com.cn
印 张	4.75	版 次	2013 年 4 月第 1 版
字 数	110 千字	印 次	2013 年 4 月第 1 次印刷
购书热线	010 - 58581118	定 价	29.00 元

本书如有缺页、倒页、脱页等质量问题，请到所购图书销售部门联系调换
版权所有 侵权必究
物 料 号 37081 - 00